教育部高职高专规划教材

技 术 物 理

（第二版）

下 册

何志杰　隆　平　主　编

刘俊玲　马贵生　副主编

U0293369

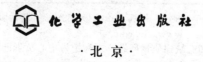

化学工业出版社

·北京·

本书从职业教育以培养学生实践应用技能出发，注重物理知识的实际应用性，强调物理学思想方法的学习、理解和掌握。本书主要内容包括电磁学、光学、原子核物理等基本知识。本书适合高职五年制工科专业物理课程的教学，也可作为中职工科专业物理课程的教材。

图书在版编目（CIP）数据

技术物理.下册/何志杰，隆平主编.—2版.—北京：化学工业出版社，2018.6

教育部高职高专规划教材

ISBN 978-7-122-31963-0

Ⅰ.①技⋯　Ⅱ.①何⋯②隆⋯　Ⅲ.①物理学-高等职业教育-教材　Ⅳ.①O4

中国版本图书馆 CIP 数据核字（2018）第 073815 号

责任编辑：潘新文　　　　　　　　　　　装帧设计：韩　飞
责任校对：王素芹

出版发行：化学工业出版社
　　　　　（北京市东城区青年湖南街 13 号　邮政编码 100011）
印　　刷：北京市振南印刷有限责任公司
装　　订：北京国马装订厂
850mm×1168mm　1/32　印张 7　字数 170 千字
2018 年 8 月北京第 2 版第 1 次印刷

购书咨询：010-64518888（传真：010-64519686）　　售后服务：010-64518899
网　　址：http://www.cip.com.cn
凡购买本书，如有缺损质量问题，本社销售中心负责调换。

定　　价：**22.00 元**　　　　　　　　　　　版权所有　违者必究

前　言

本书第一版自出版以来，以其简洁实用的特点受到了广大职业院校师生的欢迎。几年来，随着我国职业教育的不断改革，技术物理课程的教学内容和框架体系也在不断发展，发生了不少变化，在这样的形势下，我们对第一版教材进行了修订。与本书第一版相比，第二版在编写时精简了一些不适合当前教学需要的内容，对一些非教学重点内容进行了合并，增加了大量的课外阅读材料，以进一步培养学生的学习兴趣。同时为了使习题练习更好地符合职业院校学生的特点，我们对第一版教材中的部分习题内容进行了一些必要的调整，使其更加实用。

本教材在内容安排上继承了第一版的特点，做到承前启后，一方面注意到与初中所学物理知识的联系，另一方面尽量地为后继相关专业基础的学习做好铺垫，并力图在物理基本知识的框架下，结合职业教育以技能培养为主的特点，注重物理知识的应用性和适用性，而淡化其理论性，注重结论的阐述而淡化过程和推导，注重物理学分析解决问题的思维方法介绍，而淡化原理描述。教材中的实例、例题、习题和实验的选择也本着同样的出发点紧密联系生活和生产实际。

本书由湖南化工职业技术学院何志杰、隆平主编，刘俊玲、马贵生任副主编，何迎建参加编写。

由于编者水平有限，编写时间仓促，疏漏之处在所难免，恳请广大师生和读者批评指正。

编者

2018 年 4 月

目　录

第三篇　电　磁　学

第四篇 光 学

第五篇 近代物理

电 磁 学

第九章 静 电 场

学习指南

本章学习静电学知识，讨论静止电荷相互作用的规律，认识一种特殊的物质——电场，掌握电场的基本性质以及有关物理量的关系，了解静电场在实际中的广泛应用，为以后各章的学习打好基础。对电场性质的研究，将有助于更深入地认识电磁现象和电磁规律。本章要求掌握的知识为：电荷与电荷守恒定律；电场及其表示；电场强度与电势、电势差；带电粒子在静电场中的运动；静电平衡现象及其应用。

第一节 库仑定律

一、电荷和电荷量

用塑料尺与衣服摩擦几下，能够吸引纸屑、羽毛等轻小物体，如图 9-1 所示。若将塑料尺与验电器接触，验电器的箔片立即张开。这是由于摩擦使尺子带了电，或者说带了**电荷**，这种使

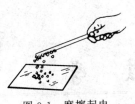

图 9-1　摩擦起电

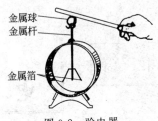

金属球
金属杆
金属箔

图 9-2　验电器

物体带电的方法叫做摩擦起电，如图 9-2 所示。自然界只有两种电荷：**正电荷**和**负电荷**。同种电荷互相排斥，异种电荷互相吸引。

组成物质的原子是由原子核和核外电子构成的。电子带负电，原子核里的质子带正电。通常情况下，物体所包含的正、负电荷是等量的，对外呈电中性，即不带电。当物体包含的正、负电荷不等量时，物体就带电。例如，用绸布摩擦玻璃棒，玻璃棒失去电子而带正电，绸布由于获得电子，负电荷过剩而带负电。可见，物体带电过程是电子的转移过程。

物体所带电荷的多少叫做电荷量，常用 Q（或 q）表示。在国际单位制中，电荷量的单位是 C（库仑）。质子和电子带有等量异种电荷，电荷量的数值 e 最早是由美国科学家密立根用实验测得的。实验还表明，所有带电体的电荷量或者等于电荷量 e，或者等于电荷量 e 的整数倍。因此，电荷量 e 叫做元电荷。密立根测量元电荷（以及光电效应方面的研究）而获得 1923 年诺贝尔物理学奖。元电荷通常可取

$$e = 1.60 \times 10^{-19} \text{C}$$

二、电荷守恒定律

摩擦前的绸布和玻璃棒都不带电，它们的电荷量为零。摩擦后，它们所带的是等量异种电荷，电荷量的代数和仍为零。若让它们接触，又都不带电了，这种现象叫做电荷的**中和**。研究各类电荷重新分配的过程后发现：不论电荷在两个或多个物体间如何

重新分配，电荷量的代数和必定不变。这个结论叫做**电荷守恒定律**。它是自然界中最重要的守恒定律之一。在宏观或微观过程中，从未发现过违背电荷守恒定律的现象。

三、真空中的库仑定律

电荷之间的相互作用力有多大？与哪些因素有关呢？

法国物理学家库仑（1736～1806），于1785年利用库仑扭秤研究了静止的点电荷间的作用规律。所谓**点电荷**是物理学中的一种理想化的物理模型。如果带电体间的距离比它们自身的大小大得多，以致带电体的形状和大小对相互作用力的影响可以忽略不计时，这样的带电体就可以看作点电荷。

在真空中，两个静止点电荷之间相互作用力的大小，与它们的电荷量的乘积成正比，与它们的距离的平方成反比，作用力的方向在它们的连线上。这个规律叫做真空中的**库仑定律**，如图9-3所示。

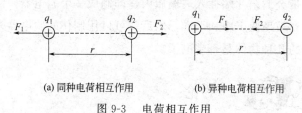

(a) 同种电荷相互作用　　(b) 异种电荷相互作用

图 9-3　电荷相互作用

用公式表示
$$F = K\frac{q_1 q_2}{r^2}$$
(9-1)

式中，F、q、r 的单位分别是 N、C、m，K 叫做**静电力恒量**，由实验测得 $K = 9.0 \times 10^9$ N·m^2/C^2。电荷之间的相互作用力叫做**静电力**或**库仑力**。

应用上式计算时，电量可取绝对值，F 的方向可根据"同种电荷相互排斥，异种电荷相互吸引"的规律来判断。如果一个点电荷同时受到两个或两个以上点电荷作用时，那么它受到的静

· 3 ·

电力，是各点电荷对它的作用力的合力。

库仑定律是电磁学的基本规律之一，它与万有引力定律有相似之处。

【例题 9-1】 在氢原子中，原子核内只有一个质子，核外只有一个电子，它们之间的距离 $r = 5.3 \times 10^{-11}$ m 约为本身半径的 10^5 倍，可看成点电荷。求氢原子核与电子间的库仑力。

解 根据式（9-1），氢原子核与电子间的库仑力

$$F = K \frac{q_1 q_2}{r^2} = 9.0 \times 10^9 \times \frac{(1.60 \times 10^{-19})^2}{(5.3 \times 10^{-11})^2}$$

$$= 8.2 \times 10^{-8} \text{N}$$

【小实验】

将一段金属导线对折后穿过绝缘的瓶盖，导线上端弯成圈状，下端弯成小钩，钩上两片很轻的金属箔，金属箔长约 20mm，宽约 5mm，两金属箔片尽量靠近。将此瓶盖盖在玻璃瓶口，带金属箔片端插入玻璃瓶内，即制成一个验电器，注意保持瓶盖和玻璃瓶干净和干燥，然后就可以用制作的验电器来检查摩擦后的几种物体是否带电了。

 讨论：

按照附录Ⅱ所给的数据，算一算氢原子核与电子的万有引力，你会看到，它远小于库仑力。因而，在研究微观世界的各种物理过程时，万有引力可忽略。

习 题

1. 选择与填空题

(1) 使一个物体带电的方式有三种，它们是_____、_____和_____。在这三种方式中，电荷既没有被创造，也没有被消灭，只是_____转移到另一个物体，或者从物体的_____移到另一部分，而且

电荷的总量不变，这个结论也被称之为_____定律。

（2）元电荷作为电量的单位，元电荷的电量为_____；一个电子的电量为_____，一个质子的电量为_____；任何带电粒子，所带电量是电子或质子电量的_____倍。

（3）关于点电荷的下列说法中正确的是（_____）。

  A. 真正的点电荷是不存在的

  B. 点电荷是一种理想模型

  C. 足够小的电荷就是点电荷

  D. 一个带电体能看成点电荷，不是看它的尺寸大小，而是看它的形状和大小对所研究的问题的影响是否可以忽略不计

（4）将不带电的导体 A 和带有负电荷的导体 B 接触后，在导体 A 中的质子数（_____）。

  A. 增加 B. 减少 C. 不变 D. 先增加后减少

2. 一顾客在购物时，很难打开新塑料袋，如果请你帮忙，如何打开？

3. 用带负电的橡胶棒靠近用细绳悬挂着的一小块泡沫塑料，若塑料被吸引，能断定它一定带正电吗？若塑料被排斥，能断定它一定带负电吗？

4. 电荷量是 4.8×10^{-8} C 的电荷中含有多少个元电荷？

5. "电荷量不相等的两个电荷，它们相互作用的库仑力的大小也不相等"，这种说法对吗，为什么？

6. 在真空中，电荷量为 2.7×10^{-9} C 点电荷 q_1 受到另一个点电荷 q_2 的吸引力为 8.0×10^{-5} N，q_1 与 q_2 间的距离为 0.1m，求 q_2 的电荷量。

7. 两个相同的均匀带电的小球，分别带 $q_1 = 1$C，$q_2 = -2$C，在真空中相距 r，作用力为 F，请问：①将 q_1、q_2 电荷量均加倍，相互作用力是多少？②只改变 q_1、q_2 电性，相互作用力是多少？③将距离 r 增大至 2 倍，相互作用力又是多少？④将两球接触后放回原处，相互作用力又是多少？若要使 F 不变，应如何放置两球？

 我国古代对电的认识

早在 3000 多年前的殷商时期，甲骨文中就有了"雷"及"电"的形声字。西周初期，在青铜器上就已经出现"電"字。古人对电的认识主要局

限于雷电。

王充在《论衡·雷虚篇》中写道："云雨至则雷电击"，明确地提出云与雷电之间的关系。在其后的古代典籍中，关于雷电及其灾害的记述十分丰富。明代张居正通过细致入微的观察，详细地记述了闪电火球的大小、形状、颜色、出现的时间等，留下了宝贵的文字资料。

《淮南子·坠形训》认为："阴阳相搏为雷，激扬为电"，明代刘基认为："雷者，天气之郁而激而发也。阳气困于阴，必迫，迫极而进，进而声为雷，光为电"。

《南齐书》对雷击有详细记述："雷震会稽山阴恒山保林寺，刹上四破，电火烧塔下佛面，而窗户不异也"，描写了雷电电流将佛面的金属膜融化，而木制窗户仍保持原样。沈括在《梦溪笔谈》中对雷击现象描写更为详尽："内侍李舜举家，曾为暴雷所震。其堂之西室，雷火自窗间出，赫然出檐。人以为堂屋已焚，皆出避之。及雷止，共舍宛然。墙壁窗纸皆黔。有一木格，其中杂贮诸器，其漆器银者，银悉熔流在地，漆器曾不焦灼。有一宝刀，极坚钢，就刀室中熔为汁，而室亦俨然。人必谓火当先焚草木，然后流金石。今乃金石皆铄，而草木无一毁者，非人情所测也。"由于漆器、刀室是绝缘体，宝刀、银扣是导体，所以才会发生这种现象。

第二节　电场与电场强度

一、电场

力是物体间的相互作用。真空中两个不接触的带电体，它们之间不需要有任何由原子、分子组成的物质作媒介，依然存在着静电力，这种力依靠什么来传递呢？英国的法拉第（1791～1867）首先发现，电荷周围存在着一种叫做电场的特殊物质，电荷间的相互作用，是借助于它们自己的电场施加给对方的

$$电荷1 \Longleftrightarrow 电场 \Longleftrightarrow 电荷2$$

只要有电荷存在，电荷的周围就存在着电场。电场的基本性质就是对置于其中的电荷有力的作用，这种力叫做电场力。静电

力就是电场力。

近代物理学的理论和实验完全肯定电场的观点。除了电场，还可以引入磁场、引力场来解释磁相互作用力和万有引力。电场和磁场显然跟分子、原子组成的物质不同，不具有实体物质的不可入性（两个实物不能占据同一空间），而且几种不同的场可以同时占据同一空间而互不影响（收音机在同一地方可以收到不同电台信号），即场的可叠加性，是客观存在的一种特殊形态。本章只讨论静止电荷所产生的电场，这种电场叫做**静电场**。

二、电场强度

一个检验电荷 q（电量足够小的点电荷）置于由 Q（Q 为场源电荷）形成的电场中受到的电场力的情况。如图 9-4 所示，电荷在电场中的不同点受到的电场力的大小和方向一般是不同的，这表明各点的电场强弱不同，而且电场具有方向性。电场中哪点的电场强呢？

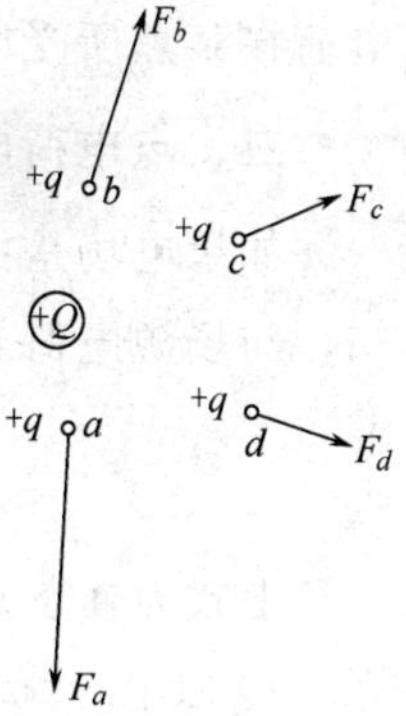

如果把电荷量不同的检验电荷 q 和 q'，分别放在电场的同一点，它们受到的电场力

分别为 $F_a = K\dfrac{Qq}{r_a^2}$ $\qquad F_a' = K\dfrac{Qq'}{r_a^2}$

不难看出 $\dfrac{F_a}{q} = \dfrac{F_a'}{q'} = K\dfrac{Q}{r_a^2}$

图 9-4 检验电荷
受到的电场力

上式说明，在电场中的同一点，比值 F/q 是恒定的，与检验电荷无关，只取决于电场本身。在电场中的不同点，这个比值一般各不相同，离 Q 近（r 小）的点，这个比值大，q 受到的电场力就大，表明该处电场强；离 Q 远（r 大）的点，这个比值小，q 受到的电场力就小，表明该处的电场弱。可见，F/q 这个比值的大小反映了电场的强弱。

置入电场中某点的检验电荷受到的电场力 F 与它的电量 q 的比叫做该点的**电场强度**，简称为**场强**。即

$$E = \frac{F}{q} \qquad (9\text{-}2)$$

E 的单位是 N/C（牛顿/库仑）。上式适用于任何电场。计算 E 的大小时，F、q 均取绝对值。

电场强度是矢量。物理学中规定：电场中某点场强的方向就是正电荷在该点受到的电场力的方向。

如果已知某点的场强 E，那么任一电荷在该点所受到的电场力就是

$$F = Eq \qquad (9\text{-}3)$$

正电荷在某点所受电场力的方向与该点场强的方向相同，负电荷在某点所受电场力的方向与该点的场强方向相反。

三、点电荷电场的场强

如果电场是由单个点电荷 Q 产生的，那么，由式（9-2）可知，与场源电荷 Q 相距 r 的任一点的场强大小

$$E = K \frac{Q}{r^2} \qquad (9\text{-}4)$$

上式为真空或空气中点电荷电场的场强大小的计算公式。计算时 Q 取绝对值。由公式可看出，某点场强的大小与激发电场的电荷所带电量 Q 及该点到电荷的距离 r 有关，而与检验电荷所带电量 q 无关（检验电荷相当于一个测量工具），场强的方向由正电荷在该点的受力方向判断。当 Q 为正电荷时，电场中各点场强的方向沿着该点与 Q 的连线指向外；当 Q 为负电荷时，电场中各点场强的方向沿着该点与 Q 的连线指向 Q。如图 9-5 所示。

如果有几个点电荷同时存在，它们各自按上述规律激发电场，这时，电场中任一点的场强就等于各点电荷在该点产生的场强矢量的合成，如图 9-6 所示。

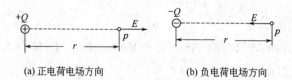

(a)正电荷电场方向   (b)负电荷电场方向

图 9-5 正、负点电荷的场强

【例题 9-2】 在点电荷 Q 的电场中，距 Q 为 $r=30\text{cm}$ 的 P 点处的场强 $E=5.0\times10^4\text{N/C}$，$E$ 的方向指向 Q，求：①场源电荷 Q 的电荷量大小及电荷种类；②在 P 点处放一 $q=-2.0\times10^{-8}\text{C}$ 的点电荷所受电场力的大小和方向。

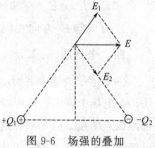

图 9-6 场强的叠加

解 ① 由点电荷的场强公式得

$$Q=E\frac{r^2}{K}=\frac{5.0\times10^4\times0.30^2}{9.0\times10^9}=5.0\times10^{-7}\text{C}$$

由图 9-5（b）可知，Q 是负电荷

② 所受电场力的大小为 $F=qE=2.0\times10^{-8}\times5.0\times10^4=1.0\times10^{-3}\text{N}$

F 的方向与 E 的方向相反

【例题 9-3】 如图 9-7 所示，在真空中有两个点电荷 $Q_1=+2.0\times10^{-6}\text{C}$ 和 $Q_2=+8.0\times10^{-6}\text{C}$，分别放在相距 60cm 的 A、B 两点，试求 A、B 连线中点 P 的场强。

解 Q_1 在中点 P 产生的场强大小为

$$E_1=K\frac{Q_1}{r^2}=\frac{9.0\times10^9\times2.0\times10^{-6}}{0.30^2}=2.0\times10^5\text{N/C}$$

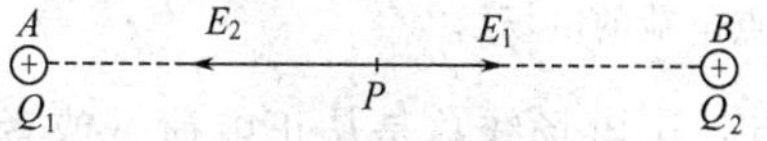

图 9-7 例题 9-3 图

E_1 方向水平向右

Q_2 在中点 P 产生的场强大小为

$$E_2 = K\frac{Q_2}{r^2} = \frac{9.0 \times 10^9 \times 8.0 \times 10^{-6}}{0.30^2} = 8.0 \times 10^5 \text{ N/C}$$

E_2 方向水平向左，中点 P 的场强为 E_1 和 E_2 的合矢量，选 E_2 方向为正方向

则

$$E = E_2 - E_1 = 8.0 \times 10^5 - 2.0 \times 10^5 = 6.0 \times 10^5 \text{ N/C}$$

E 方向与 E_2 方向相同，即水平向左。

四、电场线

为了形象地描绘电场，法拉第采取了用电场线来表示电场的办法。在电场中画出一系列假想的曲线，使曲线上每一点的切线方向都跟该点场强方向一致，这样的曲线就叫做**电场线**。图 9-8 是一条电场线，A、B、C 各点的场强如图所示。电场线的形状可以用实验来模拟，把奎宁的针状结晶或头发屑浮在蓖麻油里，就可以看到这些细屑按照场强的方向排列起来，显示出电场线的分布情况。图 9-9 是孤立点电荷的电场线，图 9-10 是两个等量的点电荷的电场线。

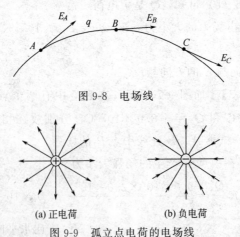

图 9-8　电场线

(a) 正电荷　　　　　　(b) 负电荷

图 9-9　孤立点电荷的电场线

静电场的电场线有如下特点：①电场线总是从正电荷（或者从∞远处）出发，终止于负电荷（或者∞远处），电场线不闭合、

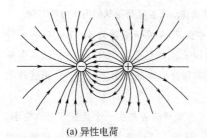

(a) 异性电荷

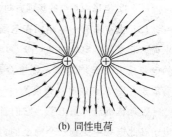

(b) 同性电荷

图 9-10　两个等量点电荷的电场线

不相交；②电场强的地方电场线密集，电场弱的地方电场线稀疏。

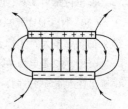

图 9-11　匀强电场

在电场的某一区域里，如果各点场强的大小和方向都相同，这个区域的电场叫做**匀强电场**。两块大小相等、靠得很近的平行金属板，互相正对，分别带有等量的正负电荷。两板之间的电场除边缘外就是匀强电场，如图 9-11 所示。匀强电场的电场线是疏密均匀、互相平行的直线。

习　题

1. 选择与填空题

(1) 电场中有一点 P，下列哪些说法正确的是（　　）。

　　A. 若放在 P 点的检验电荷的电量减半，则 P 点的场强减半

　　B. 若 P 点没有检验电荷，则 P 点的场强为零

　　C. P 点的场强越大，则同一电荷在 P 点受到的电场力越大

　　D. P 点的场强方向为检验电荷在该点的受力方向

(2) 关于电场强度，下列说法正确的是（　　）。

　　A. $E = F/q$，若 q 减半，则该处的场强变为原来的 2 倍

　　B. $E = kQ/r^2$ 中，E 与 Q 成正比，而与 r 平方成反比

　　C. 在以一个点电荷为球心，r 为半径的球面上，各点的场强均相同

D. 电场中某点的场强方向就是该点所放电荷受到的电场力的方向

(3) 真空中有一电场，在电场中的 P 点放一电量为 $4 \times 10^{-9}C$ 的试探电荷，它受到的电场力 $2 \times 10^{-5}N$，则 P 点的场强度_____；把试探电荷的电量减少为 $2 \times 10^{-5}C$，则检验电荷所受的电场力为_____；把试探电荷取走，则 P 点的电场强度为_____。

2. 地球拥有大量电荷，它们通常在地球表面产生一个竖直方向的电场，电子在此电场中受到一个向上的力。请问：地球表面的场强方向如何，地球带何种电荷？

3. 电荷量为 $3.0 \times 10^{-5}C$ 的点电荷 q，在电场中某点受到的电场力是 $2.7 \times 10^{-3}N$。①计算点电荷 q 所在点的场强；②q 的电荷量增加一倍时，该处的场强多大？③把 q 移走，该处的场强又是多大？

4. 图 9-12 是电场某区域的电场线分布图。①比较 A、B 两点的场强大小；②画出各点的场强方向；③把负电荷放在 A 点，画出它所受电场力的方向。

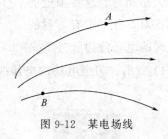

图 9-12 某电场线

5. 两个分别带有 $2.0 \times 10^{-8}C$ 的等量异种电荷，相距 6cm，求在两个电荷连线中点处场强的大小和方向。

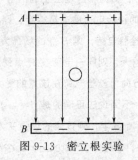

图 9-13 密立根实验

6. 密立根油滴实验是历史上著名的测量电荷的实验。如图 9-13 所示，从喷雾器喷出的油滴由于摩擦而带电，进入 A、B 间的匀强电场。当油滴的质量 $m = 1.47 \times 10^{-15}$ kg，场强为 $E = 9.0 \times 10^4$ N/C 时，油滴静止不动。请问这个油滴带何种电荷？电荷量是多少？

物质的第二种形态——场

电荷间或磁体间的相互作用力是怎样发生的呢？围绕这个问题，在历史上曾有过长期的争论。一种观点认为这类力（万有引力、电场力、磁场力等）不需要任何媒介传递，也不需要时间，就能由一个物体立即传递到一定距离的另一物体上，这种观点叫做超距作用；另一种观点认为这类力是通过充满空间的弹性媒质——"以太"来传递的，这种观点叫做近距作用。近代物理学的发展可以证明，超距作用的观点是错误的，近距作用观点中的那种"弹性以太"也是不存在的。法拉第通过实验发现，电、磁作用跟电荷或磁体之间的媒质有关。电磁作用的传递由媒质的性质决定，在真空中以光速传递。法拉第认为电荷或磁体在周围空间产生电场和磁场。电作用或磁作用正是通过电场或磁场传递的。现在，科学实验和生产实际已完全肯定了场的观点。电场、磁场以及将要学习的电磁场，都是物质的一种形态，它们具有能量，也具有动量。如无线电通信就是以电磁波的形式来传递电磁场能量的。电磁波对固体有压力作用（列别捷夫实验）则是电磁场具有动量的证明。场是物质，但又跟常见的由分子、原子组成的实物不同。所以又称场为物质的第二种形态。对于初学者来说，电场、磁场以及引力场，似乎令人难以琢磨，但是通过学习会逐步产生实在感。

第三节　电势与电势差

一、电势能

现在运用类比法从能量的角度来研究电场的性质。

地球上的物体受到重力的作用，具有重力势能。物体下落时，重力做了多少正功，物体就减少多少重力势能；物体上升时，克服重力做了多少功，物体就增加多少重力势能。与此类似，电荷在电场中受到电场力的作用，具有电势能，而且电场力对电荷做了多少正功，电荷就减少多少电势能；电荷克服电场力做了多少功（电场力做了多少负功），电荷就增加多少电势能。如图 9-14 所示，电场力做功与电荷电势能变化的关系可用下式表示

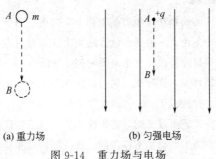

(a) 重力场　　　　　(b) 匀强电场

图 9-14　重力场与电场

$$W_{AB} = E_{PA} - E_{PB} \tag{9-5}$$

式中的 W_{AB} 是点电荷从电势能为 E_{PA} 的 A 点，移到电势能为 E_{PB} 的 B 点时，电场力做的功。

二、电势

在重力场中某一点，物体具有的重力势能 $E_P = mgh$ 与物体的质量 m 成正比，但重力势能与物体重力大小的比值 $mgh/mg = h$ 与质量无关，常称它为地势。地势的高低反映了重力场的性质。类似地，电荷在电场中某一点具有的电势能跟电荷量成正比，但电势能与电荷量的比值，与电荷量无关，是一个恒量，它反映了电场本身的性质。

电场中某点处，电荷的电势能 E_P 与电荷量 q 的比值叫做该点处的**电势**（也叫**电位**）。通常用 V 表示，即

$$V = \frac{E_P}{q} \tag{9-6}$$

电势在数值上等于单位电荷在该点所具有的电势能。在国际单位

制中，电势的单位是 V（伏特，简称伏）。如果电荷量为 1C 的电荷，在电场中某点的电势能为 1J，这点的电势就是 1V，即 $1V = 1J/C$。

电势是标量。与重力势能一样，电势能的大小跟零势能的选择有关，电势能的零点也就是电势的零点。在工程技术中，常选大地或仪器中公共地线为电势的零点，叫作**接地**。

电势是反映电场能的性质的物理量。与场强概念相似，电场中某点处的电势与检验电荷无关。电势是反映电场本身属性的物理量。

三、电势差

电场中两点之间电势之差叫做**电势差**，用 U 表示，电势差也叫**电压**。设电场中 A、B 两点的电势分别为 V_A 和 V_B，则 A、B 两点的电势差为

$$U_{AB} = V_A - V_B \qquad (9\text{-}7)$$

显然

$$U_{BA} = V_B - V_A$$

又因为

$$V_A = \frac{E_{PA}}{q} \quad V_B = \frac{E_{PB}}{q} \quad W_{AB} = E_{PA} - E_{PB}$$

所以

$$U_{AB} = V_A - V_B = \frac{E_{PA} - E_{PB}}{q}$$

即

$$W_{AB} = qU_{AB} = q(V_A - V_B) \qquad (9\text{-}8)$$

上式说明，电荷在电场中两点间移动时，电场力所做的功等于电荷量与这两点间电势差的乘积。

应用公式时，式中各量都有正负号。电场力做正功，$W_{AB} > 0$，电场力做负功，$W_{AB} < 0$；正电荷 $Q > 0$，负电荷 $Q < 0$；$V_A > V_B$，$U_{AB} > 0$；$V_A < V_B$，$U_{AB} < 0$。

【例题 9-4】 在只有电场力作用下，原来静止的正、负电荷

将如何运动？

解 在电场力作用下，即电场力做正功，$W>0$

当 $q>0$　$W_{AB}=qU_{AB}$　因为 $W_{AB}>0$　所以 $U_{AB}>0$　即 $V_A>V_B$

当 $q<0$　$W_{AB}=qU_{AB}$　因为 $W_{AB}>0$　所以 $U_{AB}<0$　即 $V_A<V_B$

所以，在电场力作用下，正电荷一定由高电势向低电势的地方运动，负电荷一定由低电势的地方向高电势的地方运动。

【例题 9-5】 在图 9-15 所示的电场中，把正电荷 $q=2\times10^{-8}$C 由 A 点移动到 B 点，电场力做的功 $W=4\times10^{-8}$J。①求 AB 两点间的电势差 U_{AB}；②选 $V_B=0$，求 V_A；③沿电场线方向，电势升高还是降低？④将电荷 $q=-4\times10^{-8}$C 由 B 点移到 A 点，求电场力所做的功 W_{BA}。

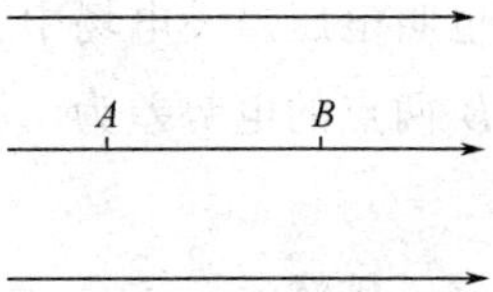

图 9-15　例题 9-5 图

解　① $U_{AB}=\dfrac{W_{AB}}{q}=\dfrac{4\times10^{-8}}{2\times10^{-8}}=2$V

② $U_{AB}=V_A-V_B$，取 $V_B=0$，$V_A=U_{AB}=2$V

③ $V_A>V_B$，沿电场线方向，电势降低。

④ $W_{BA}=q'U_{BA}=q'(-U_{AB})=-4\times10^{-8}\times(-2)$
$=8\times10^{-8}$J

习　题

1. 选择与填空题

(1) a 和 b 为电场中的两点，如果把 $q=2\times10^{-8}$C 的负电荷从 a 点移动到 b 点，电场力对该电荷做了 4×10^{-7}J 的正功，则该电荷的电势能（　　）。

　　A. 增加了 4×10^{-7}J　　　　　　B. 增加了 2×10^{-7}J

C. 减少了 4×10^{-7}J D. 减少了 8×10^{-7}J

(2) 有关电场中某点的电势，下列说法中正确的是 (   )。

 A. 由放在该点的电荷所具有的电势能的多少决定

 B. 由放在该点的电荷的电量多少来决定

 C. 与放在该点的电荷的正负有关

 D. 是电场本身的属性，与放入该点的电荷情况无关

(3) 对公式 $U = Ed$ 的理解，下列说法中正确的是 (   )。

 A. 此公式适用于计算任何电场中 a、b 两点的电势差

 B. 公式中的 d 是指电场中 a 点与 b 点之间的距离

 C. 公式中的 d 是指电场中 a、b 两个等势面的垂直距离

 D. 电场中 a 点与 b 点的距离越大，则这两点的电势差越大

(4) 将一电量为 $q = 2 \times 10^{-6}$C 的点电荷从电场外一点 P 移至电场中某点 A，电场力做的功为 4×10^{-5}J，则 A 点的电势为 _____。

2. 如图 9-16 所示，两个用丝绳拴着的金属小球，A 带正电荷，B 带负电荷，①它们相互吸引而接近时，电荷的电势能是增加还是减少？②它们接触后又分开时，电荷的电势能是增加还是减少？(设两小球的正负电荷量不相等)

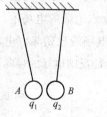

图 9-16 习题 2 图

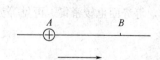

图 9-17 习题 3 图

3. A、B 是一条电场线上的两点，如图 9-17 所示，正电荷从 A 移动到 B，电场力做正功，请画出这条电场线的方向，并回答：①A、B 中哪点电势高？②负电荷从 A 移动到 B，电势能是增加还是减少？

4. 把一电荷从电势为 400V 的 A 点移动到电势为 200V 的 B 点，克服电场力做功 3.2×10^{-6}J，电荷带正电还是负电？电荷量是多少？

5. 地球上每年发生雷电次数 1600 万次，通常一次闪电里两点电势差为

· 17 ·

100MV，通过的电荷量约为 30C，问一年雷电释放的能量相当于多少吨标准燃料？（标准燃料的燃烧值为 2.9×10^7 J/kg）

6. 把电场中一个电荷量为 6×10^{-6}C 的负电荷从 A 点移到 B 点，克服电场力做功 3×10^{-5}J。再将电荷从 B 点移到 C 点，电场力做功 1.2×10^{-5}J，求 A 与 B、B 与 C、A 与 C 间的电势差。

第四节　等势面和电势差与场强的关系

一、等势面

在地图上常用等高线来表示地势的高低，而在电场中常用等势面来表示电势的高低。

电场中由电势相等的各点构成的面叫做**等势面**。在同一等势面上任何两点间的电势差为零，所以移动电荷时，电场力不做功，即电场力方向处处与等势面垂直。又因电场力方向沿电场线的切线方向，所以电场线与等势面处处垂直。

为了直观地比较电场中各点的电势，画等势面时可以规定，使相邻等势面的电势差相同，如图 9-18、图 9-19 所示，匀强电场的等势面是垂直于电场线的一系列平面，单个点电荷的电场中，等势面是以点电荷为球心的一系列球面。而且电场线较密集（电场较强）的地方，等势面也较密集，可见等势面也能反映电场的强弱。

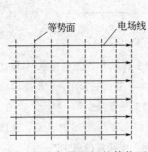

图 9-18　匀强电场的等势面

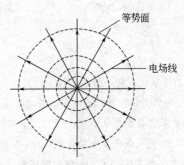

图 9-19　点电荷电场的等势面

二、电势差与场强的关系

电势差与场强从不同侧面反映电场的性质，它们之间必然存在一定的关系。

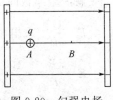

图 9-20　匀强电场

在图 9-20 所示的匀强电场中，场强为 E。设 A、B 是沿电场线方向上的两点，相距为 d，电势差为 U。将正电荷 q 从 A 点移到 B 点，电场力所做的功

$$W = Fd = qEd \quad \text{而} \quad W = qU$$

所以

$$U = Ed$$

在匀强电场中，沿场强方向的两点间的电势差等于场强和这两点的距离的乘积。上式可改写为

$$E = \frac{U}{d} \tag{9-9}$$

上式说明，在匀强电场中，场强在数值上等于沿场强方向单位距离上的电势差。场强的单位还可用 V/m（伏/米），可以证明，$1V/m = 1J/C$。

在图 9-20 中，正电荷从 A 点沿着电场线方向移到 B 点，电场力做正功，电势逐渐降低。所以沿电场线方向电势逐渐降低，场强的方向指向电势降低的方向。

电势差的测量往往比场强的测量容易得多。实际中往往是通过测量电势差来了解场强的。比如，许多电子仪器中电极形状、大小和位置配置，都需要经过实验测绘出等势面的形状和分布，从而了解电极产生的电场分布，确定合适的设计方案。

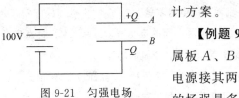

图 9-21　匀强电场

【例题 9-6】　在图 9-21 中，金属板 A、B 相距 2cm，用 100V 的电源接其两端，它们间的匀强电场的场强是多大，方向如何？

解 金属板间的电势差等于电源的电压，可以用公式

$E = \dfrac{U}{d}$ 求出场强

$$E = \frac{U}{d} = \frac{100}{2 \times 10^{-2}} = 5 \times 10^{3} \, \text{V/m}$$

A 板带正电，B 板带负电，所以场强方向是由 A 板指向 B 板。

习 题

1. 选择与填空题

(1) 关于等势面正确的说法是 (　　)。

　　A. 电荷在等势面上移动时不受电场力作用，所以不做功

　　B. 等势面上各点的场强大小相等

　　C. 等势面一定跟电场线垂直

　　D. 两等势面不能相交

(2) 关于对 $U_{AB} = \dfrac{W_{AB}}{q}$ 和 $W_{AB} = qU_{AB}$ 的理解，正确的是 (　　)。

　　A. 电场中 A、B 两点的电势差和两点间移动电荷的电量 q 成反比

　　B. 在电场中 A、B 两点移动不同的电荷，电场力的功 W_{AB} 和电量 q 成正比

　　C. U_{AB} 与 q、W_{AB} 无关，甚至与是否移动电荷都没有关系

　　D. W_{AB} 与 q、U_{AB} 无关，与电荷移动的路径无关

(3) 在电场强度为 600 N/C 的匀强电场中，A、B 两点相距 5cm，若 A、B 两点连线是沿着电场方向时，则两点的电势差是 _____ V。若 A、B 两点连线与电场方向成 60° 角时，则两点的电势差是 _____ V；若 A、B 两点连线与电场方向垂直时，则两点的电势差是 _____。

(4) 沿电场方向的两点 A、B 两点间的电势差 $U_{AB} = 20V$，将点电荷 $q = -2 \times 10^{-9}C$ 由 A 点移到 B 点，静电力所做的功是 _____。

2. 图 9-22 是单个负点电荷电场中的一个等势面（剖面）的一部分。试作出通过 AB 两点的电场线。（提示：先找出球心）

3. 电场中某一区域的电场线如图 9-23 所示，试比较 *A*、*B*、*C* 三点场强的大小和电势的高低。

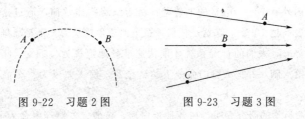

图 9-22　习题 2 图　　　　图 9-23　习题 3 图

4. 在图 9-24 所示的匀强电场中，*A*、*B* 两板间的距离为 12mm，电势差为 120V，负极板接地，且 $AC = CD = DB = 4mm$。

① 两极板间的电场强度 *E* 是多少？

② *A*、*B*、*C*、*D* 四点的电势各是多少？

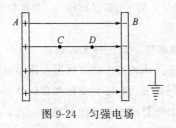

图 9-24　匀强电场

5. 两块相距 2.0cm 的带等量异种电荷的平行金属板，两板间电压为 9.0×10^2V。在两板中间某处有粒尘埃，它带电 -1.0×10^{-7}C（尘埃所受重力忽略不计）。

① 求带电尘埃受到的电场力。

② 求尘埃移到正极板时电场力做了多少功。

人体与静电

人类居住的地球周围空间就有一个巨大的电场，地球上空的电离层相对于地面平均有 3×10^5V 电势差。地面附近的电场强度全球平均值约为 130V/m。实际上人们生活在一个静电的世界里。人们平常呼吸的空气，平均每立方厘米中含有 100～500 个带电粒子——离子。人类早就发现，瀑布、喷泉和海边的空气对人的健康有益，使人神清气爽，心情愉快。原来这些地方空气中负离子浓度比一般地方高得多。

人体本身就是一个奇妙的静电世界，每一个细胞都是一个微型电池，细胞膜内外有 $70\sim80mV$ 的电势差。由于细胞膜非常薄，通过这层膜的电场强度高达 $10^4\,V/m$，这是任何人造电池望尘莫及的。正是靠细胞膜内外的电势差，人们的神经系统才能快速准确地把视觉、听觉、味觉和触觉传递给大脑，并把大脑的命令下达到全身，使人体成为一个高度统一的整体。

生命科学的研究表明，在各种蛋白质、核酸、多糖等生命大分子中，有许多离子、离子基团和电偶极子存在，生物电活动普遍存在于神经细胞、骨骼肌细胞和心肌细胞中，与物质的交换、能量的转换及信息的传递等过程密切相关。生物分子的相互作用主要表现为静电相互作用，静电学已应用于生物分子的研究中。如线粒体、叶绿素和染色体中电子输送的功能环节、神经脉冲的传播等，都与电荷迁移相关。静电相互作用在生命活动中起着重要作用。

人体含有多种电解质，如各种无机盐等。这些盐类在水溶液中离解为正、负离子，使人体成为电的导体。人体心脏跳动时，所产生的生物电随时间和空间而变化。这些变化可传到体表，用置于体表的电极可以探测到各点的电势或电势差随时间的变化，并在纸带上将它记录下来，就得到了心电图，可以诊断心脏疾病。大脑的外层皮质也具有类似的电势变化，用类似的方法可以得到脑电图，用于诊断神经方面的疾病。

第五节　静电场中的导体与电容器

一、电场中的导体

1. 静电感应

静电在生产实际中的应用都离不开导体。金属是常见的导体，其特点是内部包含大量的自由电子。不带电的金属导体不受外电场的影响时，自由电子在金属内部做无规则的热运动，导体各部分处于电中和状态，导体呈电中性。

将绝缘的金属导体 A 和 B 互相接触，当靠近带电体 C 时，导体两端的金属箔张开了，表明这两端带电了。原来，在带电体 C 的电场力的作用下，导体中一些自由电子作定向移动到达 A 端（近端），而 B 端（远端）多出了一些带正电的离子所以两端出现了等量异种电荷，这种现象叫做**静电感应**，所出现的电荷叫做**感应电荷**，如图 9-25（a）。把带电体 C 移走，金属箔将闭合，正负感应电荷中和，静电感应现象将消失。如果先把 A、B 分开，再移走带电体 C，导体 A、B 就带上了等量异种电荷，如图 9-25（b）。这种利用静电感应使导体带电的方式，叫做**感应起电**。在图 9-25（a）中，如果站在地上的人用手摸一下导体，再把带电体 C 移走，导体就带负电。

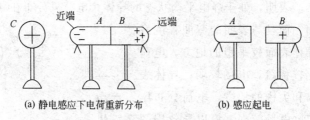

(a) 静电感应下电荷重新分布　　(b) 感应起电

图 9-25　静电感应和感应起电

2. **静电平衡**

如图 9-26 所示，把导体放入场强为 E_0 的匀强电场中，感应电荷产生的附加电场的场强 E'，其方向与外电场 E_0 的方向相

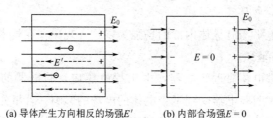

(a) 导体产生方向相反的场强E'　　(b) 内部合场强$E = 0$

图 9-26　静电感应的发生过程

反，如图 9-26（a）所示，它削弱了导体内部的电场。在 E' 小于 E_0 的时候，自由电子的定向移动不会停止，导体两端的感应电荷继续增加，这使 E' 继续增大，直至 E' 和 E_0 在导体内的合场强 E 等于零为止，如图 9-26（b）所示，这时自由电子不再定向移动。静电感应有一个发生过程，不过这个过程所需时间极为短暂。

导体内部和表面都没有电荷定向移动的状态，叫做**静电平衡**状态。处于这种状态下的导体，内部的场强处处为零，同时导体表面各点的场强方向和导体表面垂直。因此，在导体内部和导体表面移动电荷时电场力都不做功，导体上任意两点电势相等，即处于静电平衡的导体是个**等势体**。

实验表明，处于静电平衡状态的导体，电荷只分布在导体的外表面，而且与表面的弯曲程度有关。导体表面较平坦的地方，电荷分布比较稀疏，电场较弱；导体表面突出和尖锐的地方，电荷分布比较密集，电场较强，可以导致周围空气电离，形成尖端放电，如图 9-27 所示。避雷针利用尖端放电来

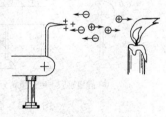

图 9-27　尖端放电现象

避免建筑物遭雷击；高压设备中的电极制成光滑的球形，则是为了防止尖端放电所引起的漏电，以保持高压。

3. 静电屏蔽

静电平衡时导体内部的场强为零这一现象，在技术上用来实现静电屏蔽。

把带电体靠近验电器，由于静电感应，验电器的箔片张开了。这表明验电器受到了带电体的电场的影响。若事先用一个金属网罩把验电器罩住，再让带电体靠近，如图 9-28 所示，验电器的箔片并不张开。可见金属网罩能把外电场"遮住"，使其内

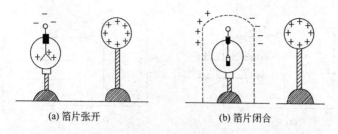

(a) 箔片张开　　　　　　　　　(b) 箔片闭合

图 9-28　静电屏蔽

部不受外电场的影响，这就是静电屏蔽。通讯电缆外面包上一层金属皮，电子仪器外套的金属罩，无线电工厂用金属网围成的屏蔽室，都是应用静电屏蔽的例子。火车、轮船内的收音机收不到信号也都是由于静电屏蔽的缘故。

二、电容器

1. 电容器

转动收音机的选台（调谐）旋钮，能从电波的"海洋"里挑选出某个电台的信号；两节小小的电池，能让照相机发出一道"闪电"。在这里起重要作用的，是一种叫做电容器的元件，它广泛使用在电工和无线电设备中。

两块彼此绝缘而又靠得很近的平行导体就构成了一个最简单的电容器，叫做**平行板电容器**，这两个导体构成电容器的两极。

如图 9-29 所示，把电容器的两极分别与电源的正负极相连，两个极板就分别带上了等量异种电荷，这个过程叫做**充电**，如图 9-29（a）所示。充过电的电容器短接使之失去电荷，叫做电容器**放电**，如图 9-29（b）所示。用导线把刚刚脱离了电源的电容两极板连接起来，往往可以看到放电的火花。利用放电火花的热能甚至可以熔焊金属，叫做**电熔焊**，这些热能是由电能转换来的。由此可见，电容器可以存储电能。照相机的闪光电路中，充过电的电容器通过线圈放电，在另一个线圈中感应出持续时间很短的高电压，触发闪光灯管发光。

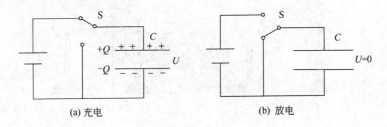

图 9-29　电容器充、放电

2. 电容

电容器充电后，两极板间就有了电势差。实验表明：电容器所带的电量 Q 与电容器两极板间的电势差 U 成正比，比值 Q/U 是一个常量。不同的电容器，这个比值一般是不同的；在 U 相同的条件下比值大的电容器所带的电荷越多，因此这个比值表征了电容器储存电荷能力大小的特征。

电容器所带的电荷量 Q 与电容器两极板间的电势差 U 的比，叫做**电容器的电容**。用 C 表示电容，即

$$C = \frac{Q}{U} \qquad\qquad (9\text{-}10)$$

在国际单位制中，电容的单位是 F（法拉，简称法），$1\mathrm{F}=1\mathrm{C/V}$。法拉是为了纪念法拉第而定的。法拉是一个很大的单位，实用电容器的电容，没有超过 1F 的，常用较小的单位有 $\mu\mathrm{F}$（微法）和 pF（皮法），它们的关系是

$$1\mathrm{F} = 10^{6}\,\mu\mathrm{F} = 10^{12}\,\mathrm{pF}$$

3. 平行板电容器的电容

平行板电容器的电容与哪些因素有关呢？事实上，电容是由电容器本身结构所决定的，与其是否带电以及带电多少无关。实验表明，平行板电容器的电容跟两极板的正对面积 S 成正比，而与两极板的距离 d 成反比。如果两极板间是真空，则平行板电容器的电容 C_0 可表示为

· 26 ·

$$C_0 = \frac{S}{4\pi K d}$$

式中，K 是静电力恒量，S、d、C_0 的单位分别是 m^2、m、F。

如果在两极板间插入纸、云母、陶瓷等绝缘物质（叫做电介质）时，电容器的电容会成倍增大。不同的电介质对电容器的影响不同。两极板间充满电介质时的电容 C 跟两极板间为真空时电容 C_0 的比值，叫做这种电介质的相对电容率（也叫做相对介电常数）用 ε_r 表示

$$\varepsilon_r = \frac{C}{C_0}$$

不同电介质的相对电容率不同，如表 9-1 所示。在电介质中，平行板电容器的电容为

$$C = \frac{\varepsilon_r S}{4\pi K d} \tag{9-11}$$

表 9-1　几种电介质的相对电容率

电介质	相对电容率	电介质	相对电容率
真空	1	陶瓷	6
空气	1.00055	云母	6～8
石蜡	2.0～2.1	聚苯乙烯	2.56
纸	约为 5	玻璃	5～10

4.常用电容器

电容器种类繁多，构造上看，可以分为固定电容器和可变电容器；根据介质的不同又可以分为纸质电容器、聚苯乙烯电容器、云母电容器、陶瓷电容器、电解电容器等，常见的几种电容器外形图及其表示符号如图 9-30 所示。

聚苯乙烯电容器是在两层锡箔或铝箔中间夹聚苯乙烯薄膜，卷成圆柱体制成。电解电容器是用铝箔作一个极板，用铝箔上很薄的一层氧化膜作电解质，用浸渍过电液纸作另一个极板制成的；由于氧化膜很薄，所以电容较大；要注意电解电容器的极性

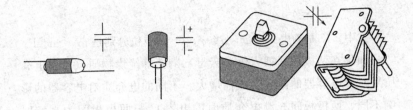

(a) 聚苯乙烯电容器   (b) 电解电容器   (c) 可变电容器

图 9-30　不同规格的电容器及其表示符号

是固定的，极板不能接错。可变电容器由两组相互绝缘的铝片——定片和动片组成，转动动片使两组铝片的正对面积发生变化，电容就随着变化。

电容器上都标有两个参数：电容量和额定电压。如"100μF、50V"。电介质都有一定的击穿电压，使用时不能超过击穿电压，否则电介质可能被击穿（失去绝缘性能），导致电容器的损坏。

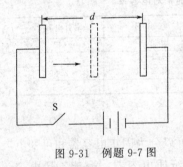

图 9-31　例题 9-7 图

【例题 9-7】　有一平行板电容器，极板正对面积为 S，两极板间距离为 d。如图 9-31 所示，合上开关 S，与电源保持连接，这时把极板距离缩短一半，电容器的电荷量有何变化？

解　电容器与电源连接，当极板距离改变时电压不变，而电容发生变化。

电容器原来的电容 $C_0 = \dfrac{S}{4\pi K d}$，极板距离缩短一半，电容 $C =$

$\dfrac{S}{4\pi K \ (d/2)} = 2C_0$。设电容器原来的电荷量为 Q_0，$Q_0 = C_0 U$，U 为电源电压。极板距离缩短后，电容器的电荷量

$$Q = CU = 2C_0 U = 2Q_0$$

请思考:

如果电容器充电后撤去电源,仍将极板间距离缩短一半,电容器所带电荷量是多少?极板间电压是多少?

 # 避雷针为什么采用尖头形状

避雷针一般采用尖头,这与导体的形状与导体的表面电荷分布有关。当导体带电时,在导体表面的尖端突出处,电荷密度较大,从而使附近的空间电场较强,容易出现尖端放电现象。高压电线周围经常会产生绿色的光晕,原因就是尖端放电。雷电是由大规模的火花放电产生的,当两片带异种电荷的云块接近或带电云块接近地面时,容易产生火花放电。放电时电流可达 20000A,电流通过的地方温度可达 3000℃.云和建筑物或其他东西之间产生放电后,很可能会发生雷击现象。当避雷针在建筑物的上空遇上带电雷雨云,避雷针就会产生尖端放电,避免了雷雨云和建筑物之间的火花放电,达到避雷目的。如果把避雷针的顶端做成球形,就不会出现尖端放电,这时避雷的效果就远不及尖顶形避雷针了。

习 题

1. 选择填空题

(1) 静电平衡现象是指_____;
静电平衡条件是_____。

(2) 对于一个确定的电容器的电容正确的理解是 ( )。

　　A. 电容与带电量成正比

　　B. 电容与电势差成反比

　　C. 电容器带电量越大时,电容越大

　　D. 对确定的电容器,每板带电量增加,两板间势差必增加

(3) 下列哪些措施可以使电介质为空气的平行板电容器的电容变大些
( )。

　　A. 使两极板靠近些　　　　　　　B. 增大两极板的正对面积

C. 把两极板的距离拉开些　　　D. 在两极板间放入云母

2. 一块丝绸和一根玻璃棒，怎样让装在绝缘架上的、本来不带电的两个金属小球带上等量异种电荷？所用的方法是否要求这两个球完全一样？

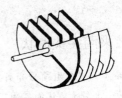
图 9-32　可变电容器

3. 收音机里调谐（选台）用的可变电容器如图 9-32 所示，为什么动片转动时电容会变化？转到什么位置时电容最小？转到什么位置时电容最大？

4. 电容为 5.0×10^3 pF 的空气平行板电容器，极板间的距离为 1.0cm，电荷量为 6.0×10^{-7} C。①求电容器的电压；②求两极板间的场强；③若电压或电荷量发生变化，这个电容器的电容有无变化？

5. 工业自动化生产中使用的电容测厚仪（图 9-33），其平行板电容器的极板间距，会随通过的板材的厚度变化而变化。设板材的标准厚度为 d_0 时，电容器电容为 C_0；现在测得电容改变量为 ΔC，求此时通过的板材的厚度 d。

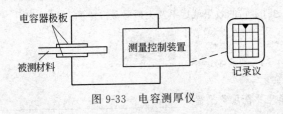

电容器极板

被测材料

测量控制装置

记录议

图 9-33　电容测厚仪

第六节　带电粒子在匀强电场中的运动

一、带电粒子的加速

如图 9-34 中所示，A、B 两极板的电压为 U。电荷量为 $+q$ 的粒子从正极板 A 沿着场强方向朝负极板 B 运动，电荷量为 $-q$ 的粒子从 B 板逆着场强方向朝 A 板运动。这两种情况下电场力都做正功，根据电能定理，粒子动能不断增大，也就是说它们做

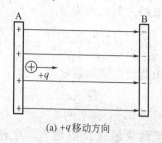

(a) +q移动方向

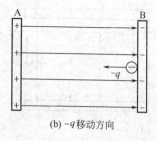

(b) -q移动方向

图 9-34 带电粒子的加速

加速运动。由动能定理得

$$qU = \frac{1}{2}mv^2 - \frac{1}{2}mv_0^2$$

若 $v_0 = 0$，则 $v = \sqrt{\dfrac{2qU}{m}}$ (9-12)

由上式可看出，改变电压 U 可使带电粒子获得不同的速度，U 越大，粒子获得的速度越大（U 称为加速电压）。阴极射线管、静电加速器都利用了这一原理。

对于负电荷，在从负极向正极运动的过程中被加速，也有同样的结论。任何一个带 $+q$（或 $-q$）电量的粒子，飞越电压为 1V（或 -1V）的区域，电场力对它做功 $W = 1.6 \times 10^{-19}$J，粒子就获得这一动能。在研究微粒子时，为了方便，往往把此能量叫 1 个电子伏特，用 eV 表示

$$1\text{eV} = 1.6 \times 10^{-19}\text{J}$$

二、带电粒子的偏转

如图 9-35 所示，真空中两块间距为 d 的平行金属板，加上电压 U，产生竖直向下的匀强电场。设一个质量为 m、电量为 $+q$ 的粒子，以水平速度 v_0 垂直进入电场。带电粒子在竖直方向受到电场力作用，所以它的运动类似于重力场中讨论的平抛运动。

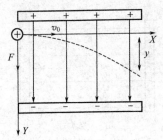

图 9-35 带电粒子的偏转

电场力的大小为

$$F = qE = \frac{qU}{d}$$

由此产生的加速度大小为

$$a = \frac{F}{m} = \frac{qU}{md}$$

设两块极板长都是 L，穿过电场所用时间

$$t = \frac{L}{v_0}$$

离开电场侧向位移为　$y = \dfrac{qUL^2}{2mdv_0^2}$ （9-13）

可见电压越大，纵向偏移越大。若垂直进入电场的是带负电的粒子，则它向正极板偏转，其运动规律与正电荷相同。

【例题 9-8】 一电子经 $U_1 = 2500\text{V}$ 的电场加速后，沿水平方向进入图 9-36 所示的电场。设两极板的长度 $L = 6.0\text{cm}$，相距 $d = 2.0\text{cm}$，极板间电压 $U_2 = 200\text{V}$，取电子质量 $m = 9.1 \times 10^{-31}\text{kg}$，求：
① 电子经过加速电场后的速度 v_1；
② 电子经过偏转电场后竖直偏移的距离 y。

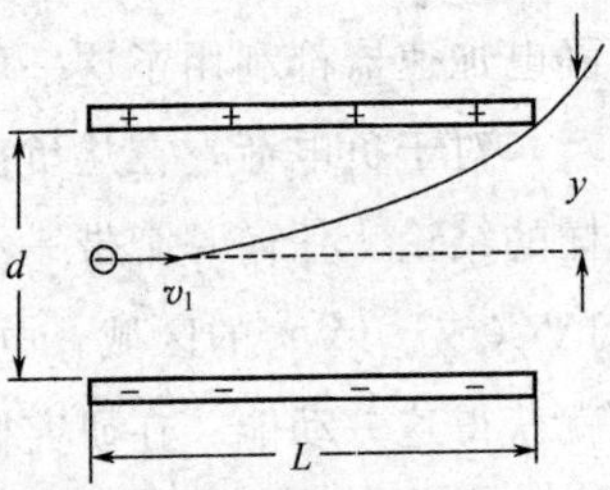

图 9-36 例题 9-8 图

解　① 根据上述结论得

$$v_1 = \sqrt{\frac{2qU_1}{m}} = \sqrt{\frac{2 \times 1.6 \times 10^{-19} \times 2500}{9.1 \times 10^{-31}}} = 3.0 \times 10^7 \text{m/s}$$

② $y = \dfrac{qUL^2}{2mdv_1}$

$$= \frac{1.6 \times 10^{-19} \times 200 \times 0.06^2}{2 \times 9.1 \times 10^{-31} \times 0.02 \times (3.0 \times 10^7)^2} = 3.6 \times 10^{-3} \text{m}$$

三、示波器工作原理

示波器是广泛应用在科研、医疗、仪器检修中的电子仪器，它可以用来观察电信号随时间变化的情况。示波器的核心部件示波管就是利用电场来控制带电粒子运动的实例。

示波管由电子枪、偏转电极和荧光屏组成，并被封闭在真空的玻璃管内，被测信号显示在荧光屏上。图 9-37 是示波管的原理图。

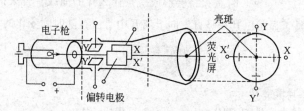

图 9-37　示波管的原理图

电子枪的作用是产生电子束。灯丝通电后使阴极加热，发射出大量电子，在加速电压的作用下，打在荧光屏上，形成一个亮斑。调节控制电极的电压，可以调节亮斑的大小和亮度。偏转电极有两组极板，水平偏转极板 XX′ 和竖直偏转极板 YY′。电子通过水平偏转极板时，在偏转电场的作用下，沿水平方向偏转，偏移距离的大小与极板上所加电压成正比。调节水平偏转极板上电压的大小，可以使屏上的亮斑在水平方向移动。同理，调节竖直极板上的电压，可以使亮斑在屏上竖直方向移动。所以，荧光屏上亮斑的位置可由加在水平偏转极板和竖直偏转极板上的电压控制。改变加在两组极板上的电压，亮斑可以在荧光屏上按电压变化的规律移动。

若在水平偏转极板 XX′ 加上特定的周期性变化的电压，亮斑可沿水平方向围绕中心往复运动，荧光屏上出现一条水平亮线，这叫作**扫描**，所加电压叫做扫描电压。若在竖直偏转极板 YY′ 加上所要测量的周期性的信号电压，并且周期与扫描电压的周期相同，荧光屏上就显示出信号电压随时间变化的图线。如

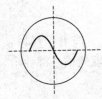

图 9-38 正弦交流电压

图 9-38 所示，信号电压是交流电压，荧光屏上就显示出一条正弦曲线。

【小实验】

请拿着香火在竖直方向上沿某中心位置来回抖动，观察香火形成的亮线；在竖直方向上抖动香火的同时，再让香火水平匀速移动，此时香火将会形成一条什么样的曲线？香火描绘出的曲线是否显示出其在竖直方向上离开中心位置随时间变化的情况？

习　题

1. 选择填空题

(1) 1电子伏特（eV）= _____焦耳（J）

(2) 下列粒子由静止经加速电压为 U 的电场加速后，哪种粒子动能最大（　　）。

　　A. 质子　　　　　　　　　B. 电子

　　C. 氘核（1个质子2个中子）　D. 氦核（1个质子2个中子）

(3) 下列说法中，正确的是（　　）。

　　A. 带电粒子在匀强电场中运动时，动能一定增加

　　B. 带电粒子在匀强电场中运动时，动能可能不变

　　C. 带电粒子在匀强电场中运动时，动能一定减少

　　D. 带电粒子在匀强电场中运动时，动能的改变量一定等于电场力对其做的功

2. 有一静电加速器，加速电压是 $3.6 \times 10^4 \text{V}$，问电子被加速后的动能是多大？电子被加速后的速度是多大？

3. 电子由静止经 5kV 电压加速后，沿中线垂直飞入图 9-39 所示的电场，金属板长 $L = 5.0\text{cm}$，板间距离 $d = 1.0\text{cm}$。为了不使电子打在极板上，两极板允许加上的最高电压是多少？

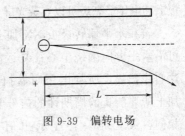

图 9-39　偏转电场

静电的危害和利用

一、静电的危害

摩擦产生的静电，在生产和生活中会带来许多麻烦，甚至造成危害。

在印刷厂里，纸页之间摩擦起电，会使纸页粘在一起难于分开，给印刷带来麻烦。在印染厂里，棉纱、毛线、人造纤维上的静电，吸引空气中的尘埃，会使印染质量下降。电视机的荧光屏上很容易蒙上一层灰尘，也是静电吸引的缘故。

电荷积累到一定程度，会产生电火花放电。人在地毯上行走会产生静电，当用手拉金属门把手时，手与把手间产生火花放电会使人产生触电的感觉。这在工厂或实验室可能因此引起火灾。飞机飞行中与空气摩擦会产生大量的静电，如果在着陆时没有把电荷导走，当地勤人员接近机身时，人与飞机之间产生火花放电可能将人击倒。专门用来装汽油、柴油等液体燃料的油罐车，在灌油、运输的过程中，油与油罐摩擦、撞击带上大量的电荷，如果不及时导走，积累到一定程度，会产生电火花，引起爆炸。

防止静电危害的办法是尽快将产生的静电导走，避免越积越多。油罐车是靠一条拖在地上的铁链把静电导走。飞机机轮上都装有搭地线，也有用导电橡胶做机轮轮胎的。在地毯中夹杂细的不锈钢丝导电纤维，消除静电的效果很好。在印染厂保持适当的湿度，潮湿的空气可使静电荷很快消失。

二、静电技术的应用

跟其他物理现象一样，掌握了静电的规律，静电也可以为人们所利用。随着科学技术的发展，静电现象得到了广泛的应用。

1. 静电复印机

静电复印机可以方便快捷地对图书资料等进行复印。它的中心部件是硒鼓，这是表面镀有硒层的可以旋转的铝棍。半导体硒有特殊的光电性质，不受光照射时是良好的绝缘体，能保持电荷，受到一定强度光照射时立刻变成导体将所带的电荷导走。静电复印机的复印过程如图 9-40 所示。

① 充电。由电源使硒鼓表面带上正电荷。

② 曝光。利用光学系统将原稿上字迹的像成在硒鼓上 。硒鼓上字迹

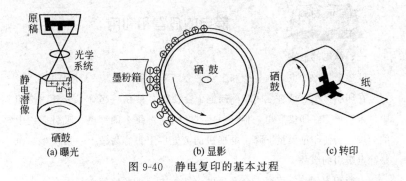

(a) 曝光   (b) 显影   (c) 转印

图 9-40   静电复印的基本过程

的像实际是没有光照射的地方，保持着正电荷，而其他地方受到了光线照射，正电荷被导走。这样硒鼓上就留下了字迹的"静电潜像"。

③ 显影。带负电荷的色粉被带正电荷的静电潜影吸附，形成可见的色粉影像。

④ 转印。转印电极使输纸机构送来的白纸带正电荷。带正电荷的白纸与硒鼓表面墨粉组成的字迹接触，将带负电荷的墨粉吸到白纸上。

⑤ 定影。转印后的印纸送入定影区，含可熔性树脂的色粉在高温下熔化浸入纸中，形成牢固印迹。

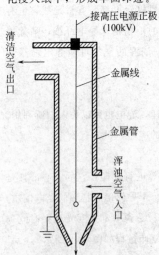

图 9-41   静电除尘器的原理图

至此复印完成，硒鼓用接电源负极的电极消除残存的正电荷，再经清洁机构上清洁纸擦去残存色粉，就又可以重复工作了。静电复印机的主要工作过程如图 9-40 所示。

2. 静电除尘

利用图 9-41 所示静电除尘器可以消除烟气中的粉尘。除尘器的金属外壳接地，筒里的金属线与高压直流电源的正极相连。浑浊气体进入筒中时，空气中的灰尘因受静电作用而与金属线接触。接触后灰尘带上与金属线同种的电荷，被排斥飞向管壁。在管壁上放电后的灰尘，被震动装置震落，从下部排出。

在火电厂、冶金、化工、水泥等工业生产中治理污染方面，静电除尘器使用得很多，效率可达99%，特别能捕集0.01～5μm的超细尘埃。

3. 静电喷涂

设法使油漆等喷料微粒带电，微粒在电场力的作用下，飞向作为电极的工件，并沉积在工件上，使工件表面涂上一薄层均匀光滑的涂料，这就是静电喷涂，如图9-42所示。运用类似的方法，使塑料粉尘带电，静电力驱使塑料末飞向工件，这就是喷塑。使绒毛带电，可以使绒毛植在涂有黏合剂的织物上，形成像刺绣似的纺织品，这就是静电织绒。使沙砾带电，静电力使沙砾飞向带正电的、涂有骨胶的纸上，并粘附得非常牢固，这就是静电喷沙。

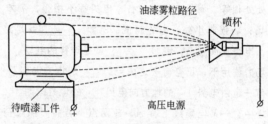

图 9-42　静电喷涂

本章小结

知　识　点	公式表达形式	适用范围和条件	了解或掌握
真空中的库仑定律	$F=Kq_1q_2/r^2$	真空点电荷	掌握
电荷守恒定律	$Q=$ 恒量	宏观和微观	了解
电场强度	$E=F/q$	任何电场	掌握
电势	$V=E_p/q$	任何电场	了解
电场力做功与电势差的关系	$W=qU$		掌握
场强与电势差的关系	$E=U/d$	匀强电场	掌握
静电平衡与静电屏蔽		导体	了解
电容器的电容	$C=Q/U$	任何电容器	掌握
平行板电容器的电容	$C=\varepsilon_r S/4\pi Kd$	平行板电容器	掌握
带电粒子的加速和偏转	$v=\sqrt{2qU/m}$	加速电场	了解
	$y=qUL^2/2mdv^2$	偏转电场	了解

1. 两个点电荷 $q_1 = 4.0 \times 10^{-8}C$，$q_2 = -6.0 \times 10^{-8}C$，它们在真空中相距 10cm。①两电荷之间的库仑力为多少？②将两电荷接触后放回原处，库仑力又是多少？

2. 在本章学过了几种场强的公式？它们各适用于什么电场？

3. 某电场中的 A 点，放入一正检验电荷 q，受到的电场力为 F，具有的电势能为 E_P。若 q 的电量变为原来的 1/n 倍，则 q 受到的电场力变为原来的多少倍？A 点的电场强度变为原来的多少倍？系统的电势能变为原来的多少倍？A 点电势将变为原来的多少倍？

4. 场强处处相等，而沿电场方向各点电势都不相等，例如_____就是这样的电场；场强越小处，电势越低，例如_____就是这样的电场；场强越小处，电势反而越高，例如_____就是这样的电场。

5. 在电场力作用下，正电荷一定由电势____的地方向电势____的地方运动；负电荷一定由电势____的地方向电势____的地方运动。

6. 在电场中，一条电场线上有 A、B 两点，若将一点电荷 $q = -2 \times 10^{-8}C$ 从 A 点移到 B 点，克服电场力做功 $4 \times 10^{-5}J$。①试判断电场线的方向；②求 A、B 两点的电势差；③设 A 点的电势为零，则 B 点的电势是多少？

7. 在两块带等量异种电荷的平行金属板电场中，以下说法正确的是（　　）。

    A. 电场强度大的地方，其电势也必然高

    B. 因为各点的电场强度相等，所以各点电势也相等

    C. 电势是沿电场方向降低的

    D. 因为未指定零电势点，所以无法比较各点电势的高低

8. 关于静电的应用和防止，以下说法正确的是（　　）。

    A. 使空气尘埃带电，再用异性电极吸引尘埃，叫做静电除尘

    B. 静电喷漆是物体成为电极，再使油漆颗粒带电，这样就可以完成静电喷漆

    C. 由于各种物质在电场中表现不同，利用这个道理可以进行静电

分选

D. 干洗机除掉衣服上的尘埃和油污微粒，利用的就是静电分离原理

9. 以下说法正确的是（   ）。

A. 复印机是利用静电中和原理，复印时产生高温是正负电荷中和产生的

B. 油品车拖一个金属链能把车上静电导走

C. 地毯上夹有很细的不锈钢丝，既可以提高耐磨度，又可使地毯平整

D. 夏天穿的化纤衣服比棉线衣服容易脏，是化纤摩擦产生的静电多

10. 下列说法中正确的是（   ）。

A. 电厂、高层建筑安装避雷针，将天空中带电云层的静电导走，以免尖端放电

B. 下雨时的雷击都是静电火花放电所致，所以雷鸣时尽量不要往高处走

C. 静电除尘器可以除掉空气中的微粒和其他物体上的微粒

D. 人从电视机旁经过，电视机图像有干扰，是人遮住了电视机的信号，使信号减弱了

第十章 恒定电流

学习指南

　　本章在初中所学知识的基础上，进一步学习恒定电流的基本知识及其应用。并从电源的作用引出电动势的概念，进而运用能量守恒定律得出闭合电路欧姆定律。

　　欧姆定律和串、并联电路的知识是本章的基础，一定要牢固掌握，学会用它们分析和解决直流电路的问题。

第一节　电流　欧姆定律

一、形成电流的条件

　　在初中已经学过，**电流是电荷的定向移动**。从微观上看，电流实际上是带电粒子的定向移动。这种形成电流的带电粒子称为自由电荷。它们可以是电子、质子、正的或负的离子。因此，要形成电流，必须要有自由电荷。金属中的自由电子，电解液（酸、碱、盐的水溶液）中的正、负离子，都是自由电荷。在什么条件下，自由电荷才能发生定向移动呢？

　　当导体内没有电场时，导体中大量的自由电荷就像气体中的分子一样，不停地做无规则的热运动，自由电荷沿各个方向运动的机会相等，因而对导体的任一横截面来说，在一段时间内从两侧穿过这个截面的自由电荷是相等的，如图 10-1 所示。从宏观上来看，导体中的自由电荷没有定向移动，所以没有电流。

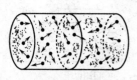

图 10-1 在一段时间内
从两侧穿过横截面
的自由电荷相等

如果把导体的两端分别接到电源的两极上，导体中就会有电流。这是因为电源的两极之间有电压，当导体的两端与电源的两极接通时，它的两端也有了电压，导体中就有了电场，于是导体中的自由电荷在电场力的作用下发生定向移动，形成电流。所以导体中产生电流的条件是：**导体两端有电压。**

随身听使用的干电池、汽车用的蓄电池、神舟系列飞船用的太阳能电池等都是电源，它们的作用是保持电路两端的电压，使电路中有持续的电流。

二、电流的强弱

常见的电流是沿着一根导线流动的电流。电流的强弱用电流强度（简称"电流"）这个物理量来表示，它等于单位时间里通过导线某一横截面的电量。如果在一段时间 t 内，通过某一截面的电量是 q，则通过该截面的电流 I 是

$$I = \frac{q}{t} \tag{10-1}$$

在国际单位制中电流的单位是 A（安培，简称为安），它是国际单位制中的基本单位之一。

$$1A = 1C/s$$

电流的常用单位还有 mA（毫安）和 μA（微安）

$$1mA = 10^{-3}A \qquad\qquad 1\mu A = 10^{-6}A$$

三、电流的方向

电流是标量，但为了说明导线中电流的流向，要给电流规定

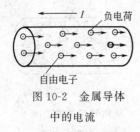

图 10-2　金属导体
中的电流

一个方向。习惯上规定**正电荷的定向移动方向为电流的方向**。导体中电流可以是正电荷的定向移动，也可以是负电荷的定向移动，还可以是正、负电荷沿相反方向的定向移动。在金属导体中，电流的方向与自由电子定向移动的方向相反，如图 10-2 所示。

　　正电荷在电场力作用下从电势高处向电势低处运动，所以导体中电流的方向从高电势处流向低电势处。即在电源外部的电路中，电流的方向是从电源的正极流向负极。

　　方向不随时间改变的电流叫直流电流，方向和强弱不随时间改变的电流叫**恒定电流**，俗称直流电。形成恒定电流的条件是导体两端有恒定的电压。如果电压的大小和方向随时间做周期性的变化，导体内就形成了大小和方向随时间作周期性变化的交变电流，俗称交流电。

四、欧姆定律

　　导体两端加有持续的电压时，导体中才会有持续的电流通过，那么导体中的电流跟导体两端的电压有什么关系呢？

　　法国物理学家欧姆经过实验得出：导体中的电流 I 跟导体两端的电压 U 成正比，即 $I \propto U$，通常写成

$$I = \frac{U}{R} \tag{10-2}$$

　　式中的 R 是一个跟导体本身有关的量。式（10-2）可变形为

$$R = \frac{U}{I}$$

　　即 R 等于电压与电流的比。对同一导体来说，不管电压和电流的大小怎样变化，R 的大小总是不变的，对不同的导体来

说，R 的大小一般是不同的。在同一电压下，导体的 R 值越大，通过的电流越小。可见 R 反映了导体对电流的阻碍作用，叫导体的电阻。

电阻是衡量导体导电性能的物理量，它的单位是 Ω（欧姆，简称为欧），$1\Omega = 1V/A$。常用的电阻单位还有 $k\Omega$（千欧）和 $M\Omega$（兆欧）

$$1k\Omega = 10^3 \Omega \qquad\qquad 1M\Omega = 10^6 \Omega$$

有了电阻的概念，就可以把公式 $I = U/R$ 表述为：**导体中的电流 I 跟导体两端的电压 U 成正比，跟导体的电阻 R 成反比，这就是欧姆定律。**

导体中的电流 I 和电压 U 的关系可以用图线来表示。用横轴表示电压 U，用纵轴表示电流 I，画出的 I-U 图线叫伏安特性曲线。对金属导体中的电阻，电流与电压成正比，伏安特性曲线是通过原点的一条直线，如图 10-3（a）所示。具有这种伏安特性的电子元件叫线性元件。

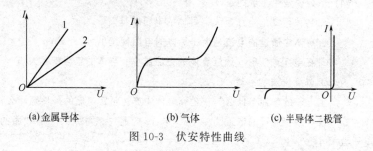

(a)金属导体　　　　　(b)气体　　　　　(c)半导体二极管

图 10-3　伏安特性曲线

欧姆定律是在金属导体的基础上总结出来的。实验表明，除金属外，欧姆定律对电解液在相当大的电压范围内也是适用的，即电流与电压成正比。但对于许多导体（如电离了的气体）或半导体，欧姆定律并不适用。气体中的电流一般与电压不成正比，它的伏安特性曲线如图 10-3（b）所示，半导体（如二极管）中的电流不但与电压不成正比，而且电流方向改变时，它和电压的关系也不同，它的伏安特性曲线如图 10-3（c）所示。

伏安特性曲线不是直线的电子元件叫非线性元件，很多材料的这种非线性特性具有很大的实际意义。例如：如果没有半导体材料的非线性特性，作为现代技术标志之一的电子技术，包括电子计算机技术，就是不可能的。

习 题

1. 选择与填空题

（1）一只阻值为 100 欧姆的电阻，接在 15V 的电源上时，流过的电流为_____A；若电源电压变为 10V，电阻的阻值为_____，流过电阻的电流为_____A

（2）常用手电筒中的小电珠灯丝的电阻为 20 欧姆，正常发光时需要的电压为 2.5 伏，则小电珠正常发光时通过灯丝的电流是_____。

（3）甲乙两个导体的电阻关系是 1∶3，将它们分别接在同一电源上时，通过它们的电流之比是（   ）。

    A. 1∶1   B. 1∶3   C. 3∶1   D. 无法确定

（4）下列说法中正确的是（   ）。

    A. 导体两端的电压越大，导体的电阻就越大

    B. 导体中通过的电流越大，导体的电阻就越小

    C. 在电压一定时，通过导体的电流越小，导体的电阻就越大

    D. 以上说法均不对

2. 产生电流的条件是什么？在金属导体中产生恒定电流的条件是什么？

3. 一条导线中通过的电流为 3.2A，求 1s 内通过该导线某一横截面的电子数。

4. 人体通过 50mA 电流时，会导致生命危险，人体的最低电阻约为 800Ω，问这时人体的安全电压是多少？（国家规定照明用电的安全电压是 36V）。

5. 电灯的电压是 220V，通过灯丝的电流是 0.45A，求灯丝的电阻。

6. 画出电阻为 10Ω 的金属导体的伏安特性曲线，当电阻增大为 20Ω 时，图线怎样变化？

7. 某同学根据式 $R = U/I$ 认为：一段导体的电阻与所加的电压成正比，这种认识对不对？说明理由。

阅读材料

自由电子的定向移动速率

一、金属导体中单位体积内的自由电子数

金属导体中单位体积内自由电子数可以看作跟单位体积内的原子数同一个数量级。即假设每个原子都能贡献出一个电子来充当自由电子。

设金属的密度为 ρ、摩尔质量为 μ、阿佛伽德罗常数为 N_0。那么，单位体积内的自由电子数

$$n = \frac{\rho}{\mu} N_0$$

以铜为例 $\mu = 63.6 \times 10^{-3}\,\mathrm{km/mol}$，$\rho = 8.9 \times 10^3\,\mathrm{kg/m^3}$，$N_0 = 6.02 \times 10^{23}\,\mathrm{mol^{-1}}$，

所以

$$n = \frac{8.9 \times 10^3 \times 6.02 \times 10^{23}}{63.6 \times 10^{-3}} = 8.4 \times 10^{28} = 8.4 \times 10^{22}\,\mathrm{cm^{-3}}。$$

二、金属导体中自由电子定向移动的平均速率

设单位体积内的自由电子数为 n，电子定向移动速率为 $\bar{v}$，每个电子带电量为 e，导线横截面积为 S，则时间 t 内通过导线横截面的自由电子数 $N = n\bar{v}tS$，其总电量 $Q = Ne = n\bar{v}tSe$，根据 $I = Q/t$ 得 $I = n\bar{v}eS$，$\bar{v} = I/neS$。

假设 $S = 1.0\,\mathrm{mm^2}$，$I = 1.0\,\mathrm{A}$，$n = 8.4 \times 10^{28}\,\mathrm{m^{-3}}$，$e = 1.6 \times 10^{-19}\,\mathrm{C}$，代入可得 $\bar{v} = 7.4 \times 10^{-5}\,\mathrm{m/s}$。

可见自由电子定向移动的速率是很小的。

三、金属导体中自由电子的热运动平均速率

自由电子要在晶体点阵间做无规则的热运动。根据气体分子运动论，电子热运动的平均速率 $\bar{u} = \sqrt{8kT/\pi m}$，式中 $k = 1.38 \times 10^{-23}\,\mathrm{J/K}$（玻耳兹曼常量），$m = 0.91 \times 10^{-30}\,\mathrm{kg}$（电子质量），$T$ 是热力学温度。设 $t = 27\,℃$，即 $T = 300\,\mathrm{K}$，代入可得

$$\bar{u} = \sqrt{\frac{8 \times 1.38 \times 10^{-23} \times 300}{3.14 \times 0.91 \times 10^{-30}}} = 1.08 \times 10^5\,\mathrm{m/s}$$

可见自由电子热运动的平均速率是很大的。但由于大量自由电子热运

动的无规则性，使其在宏观效果上看，没有电荷的定向移动，即没有形成电流。

四、金属导体中自由电子定向运动的微观描述

金属导体中的自由电子，在导体两端没有加上电压时，只做无规则的热运动。在加上电压后，自由电子受到电场的作用，在无规则的热运动上又要加上一个定向的运动。自由电子的定向运动也不是简单的匀速直线运动，而是在电场力作用下的加速运动，又频繁地跟金属正离子碰撞而使它向各个方向弹射回来即定向的加速运动遭到破坏，而电场力的作用使它再度变成定向运动，接着又会出现碰撞。从大量自由电子运动的宏观效果来看，可认为它们以平均速率 $\bar{u}$ 做定向移动。本章教材开头的图 10-1（描写自由电子热运动）和图 10-2（描写自由电子定向移动）表示的物理意义就是如此。

第二节　电阻定律与电阻率

一、电阻定律与电阻率

导体的电阻是导体本身的一种性质，它的大小决定于导体的材料、长度和横截面积。实验表明：**由同一材料制成的粗细均匀的一段导体，在一定温度下，它的电阻 R 与它的长度 L 成正比，与它的横截面积 S 成反比，这叫做电阻定律，**可表示为

$$R = \rho \frac{L}{S} \tag{10-3}$$

式中的比例系数 ρ 跟导体的材料有关，是一个反映材料导电性能的物理量，叫做材料的电阻率（ρ），单位是 $\Omega \cdot m$（欧姆米）。电阻率大的材料，导电性能差。由式（10-3）可知，当 $L = 1m$，$S = 1m^2$ 时，ρ 的值等于 R 的值，即材料的电阻率，在数值上等于这种材料制成长为 $1m$，横截面积为 $1m^2$ 的导体的电阻。表 10-1 列出了 $20℃$ 常温下一些常用材料的电阻率。

表 10-1　几种常见材料的电阻率（20℃）

材　料	电阻率/Ω·m	材　料	电阻率/Ω·m
银	1.6×10^{-8}	镍铜合金	5.0×10^{-7}
铜	1.7×10^{-8}	镍铬合金	1.0×10^{-6}
铝	2.9×10^{-8}	碳	3.5×10^{-5}
铁	5.3×10^{-8}	硅	2.3×10^{3}
钨	5.5×10^{-8}	橡胶	$10^{13} \sim 10^{16}$
锰铜合金	4.4×10^{-7}	电木	$10^{10} \sim 10^{14}$

从上表可以看出，纯金属的电阻率小，合金的电阻率大，导线一般用电阻率小的铝或铜来制作，电炉、电阻器的电阻丝，一般用电阻率大的合金制作。

各种材料的电阻率都随温度的变化而变化。金属的电阻率随温度的升高而增大。利用金属的这一性质可以用铂丝制造电阻温度计。其测温范围可在$-263 \sim 1000℃$间。有些合金如锰铜合金和镍铜合金，电阻率随温度的变化特别小，常用来制作标准电阻。

二、半导体

根据物体的导电性能一般将物体分为导体和绝缘体，其实导体和绝缘体之间并没有绝对的界限。绝缘体并非绝对不导电，只是绝缘体的电阻率很大。不同材料的绝缘体有不同的承受电压的本领，即耐压值。当电压超过耐压值时，绝缘体会被击穿而导电。例如，一般电工钳子的橡胶绝缘手柄耐压值为500V。在室温下，金属导体的电阻率一般约为$10^{-8} \sim 10^{-6}\Omega·m$，绝缘体的电阻率约为$10^{8} \sim 10^{18}\Omega·m$。

有些材料，它的导电性能介于导体和绝缘体之间，而且电阻不随温度的增加而增加，反而随温度的增加而减小，这种材料叫做半导体。半导体的电阻率约为$10^{-5} \sim 10^{6}\Omega·m$，不遵守欧姆定律。锗、硅、砷化镓等都是半导体材料。半导体的导电性能可以由外界条件所控制，如改变半导体的温度、使半导体受到光照，在半导体中加入其他微量杂质等，可以使半导体的导电性能成百万倍地发生变化。人们利用半导体的这种特性，制成了热敏电阻、光敏电阻、压敏电阻、晶体管等各种电子元件，并且发展成为集成电路。

集成电路把晶体管以及电阻、电容等元件，同时制作在很小的一块半导体晶片上，并且把它们按照电子线路的要求连接起来，使之成为具有一定功能的电路。在超大规模集成电路中，在面积约 $1cm^2$ 的一块半导体晶片上可以集成上千万个电子元件。集成电路的制成开辟了微电子技术的时代。集成电路和微电子技术日新月异的发展，使电子计算机得以更新换代，由第一台约 30t 重的电子管式计算机发展成为今天已经普及的微型计算机——电脑。电脑中的微处理器（CPU）和存储器都是由大规模集成电路制成的。半导体在现代科学技术中发挥了重要作用。

*三、超导体

1908 年荷兰莱顿大学的卡曼林昂尼斯（1853～1926）首次实现氦的液化，获得了 4.2K（即 $-268.8℃$）的低温，为研究低温条件下的物质的导电打开了方便之门。

1911 年，他发现将水银冷却到 $-268.98℃$ 时，水银的电阻突然消失。此后，人们又发现除水银外，还有许多金属、合金和化合物，它们的电阻在一定的温度时也突然下降到零，这种性质称为物质的超导电性。具有超导电性的物质叫超导体。物质由普通导电性转变为超导电性时的温度叫临界温度 T_c。例如，铅的临界温度为 $T_c=7.22K$。

自超导电性发现以来，经过 100 多年的努力，临界温度只能到 23.22K。由于这种超导现象只能在液氦温区出现，而氦是一种稀有气体，因而大大限制了超导的应用。从 20 世纪 60 年代开始，人们一直在探索把超导临界温度提高到液氮温区（77K）以上，这就是高温超导研究。中国的研究工作走在世界的前列。1989 年中国科学家已发现了临界温度 $T_c = 132K$ 的超导材料，目前高温超导临界温度迅速提高，已达到 164K，并向更高的温度进军。高温超导材料的不断问世，为超导材料从实验室走向应用铺平了道路。

超导材料的作用大概可分为三类。①大电流应用，（强电应用）如发电、输电和储能。②电子学应用（弱电应用），如超导计算机、滤波器、微波器等。③抗磁性应用，如磁悬浮列车和热核聚变反应堆等。

习　题

1. 一卷铜导线，长 100m 导线的横截面积 4mm²，这卷导线的电阻多大？

2. 有一段导线，电阻是 2Ω，如果把它均匀拉伸为原长的 3 倍，电阻是多大？

第三节　电阻的连接

家庭中很多家用电器，通常都是接在同一电源上。连接的方式基本有两种：串联和并联。用电器都具有电阻，因此可用电阻的连接来等效它们的连接。

一、电阻的串联

三个电阻 R_1、R_2、R_3 组成的串联电路，如图 10-4 所示。

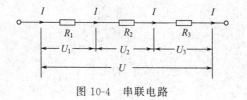

图 10-4　串联电路

把串联电路接到电源上，用电压表测每个电阻两端的电压和总电压，用电流表测通过每个电阻的电流和总电流，可得串联电路的基本特点。

① 通过各个电阻的电流相等，都等于 I。

② 电路两端的总电压等于各部分电路两端的电压之和，即

$$U = U_1 + U_2 + U_3 \qquad (10\text{-}4)$$

从这两个基本特点出发来研究串联电路的几个重要性质。

1. 串联电路的总电阻

串联电路中的几个电阻可以设想用一个电阻 R 来代替。在相同的电压下，通过 R 的电流跟原来相同，如图 10-5 所示。电阻 R 叫串联电路的等效电阻或总电阻。

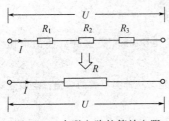

图 10-5　串联电路的等效电阻

根据欧姆定律 $U_1 = IR_1$，$U_2 = IR_2$，$U_3 = IR_3$

代入式（10-4）中得

$$U = I(R_1 + R_2 + R_3)$$

由此得

$$R = U/I = R_1 + R_2 + R_3 \qquad (10\text{-}5)$$

上式表明：**串联电路的总电阻，等于各个电阻之和。**

2. 串联电路的分压作用

由 $U_1 = IR_1$，$U_2 = IR_2$，$U_3 = IR_3$，$I = U/R$ 可得

$$\left. \begin{aligned} U_1 &= \frac{R_1}{R} U \\[4pt] U_2 &= \frac{R_2}{R} U \\[4pt] U_3 &= \frac{R_3}{R} U \end{aligned} \right\} \qquad (10\text{-}6)$$

上式表明：**串联电路中电压的分配与电阻成正比**。电阻越大，分配的电压越大。串联电路的这种作用叫分压作用。

利用串联分压的作用，可以扩大电压表的量程，还可以制成电阻分压器。图 10-6 是它的原理图。由可变电阻器或电位器组成，图 10-7 是常用的滑线变阻器和电位器的外形图。

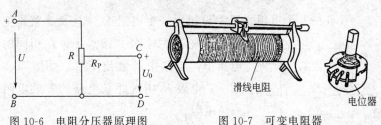

图 10-6　电阻分压器原理图　　　　图 10-7　可变电阻器

【例题 10-1】　在图 10-6 中可变电阻器的总电阻 $R = 1\text{k}\Omega$，A、B 两端接入电源电压 $U = 10\text{V}$，$R_P = 0.5\text{k}\Omega$，求 C、D 两端输出电压 U。

解　由分压公式（10-6）可得

$$U_0 = \frac{R_P}{R}U = \frac{0.5}{1} \times 10 = 5\text{V}$$

调节可变电阻器的滑动触头的位置，即改变 R_P，从而改变 U_0（U_0 的调节范围是 $0 \sim U$），达到调压的目的。

二、电阻的并联

图 10-8 是三个电阻 R_1、R_2、R_3 组成的并联电路。

同样用电压表和电流表测量每个电阻两端的电压和通过的电流，可以得到并联电路的基本特点。

① 电路中各支路两端的电压相等。

② 干路中的电流等于各个支路

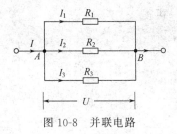

图 10-8　并联电路

中的电流之和，即

$$I=I_1+I_2+I_3 \qquad (10\text{-}7)$$

下面从这两个基本特点出发，来研究并联电路的几个重要性质。

1. 并联电路的总电阻

并联的几个电阻也可以设想用一个电阻 R 来代替，就是把

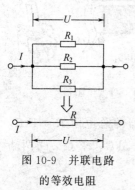

电阻 R 连在两个公共接点上，在相同的电压下，干路中的电流不变，如图 10-9 所示。电阻 R 叫做并联电路的等效电阻或总电阻。

根据欧姆定律 $I_1=U/R_1$，$I_2=U/R_2$，$I_3=U/R_3$

图 10-9 并联电路的等效电阻

代入式（10-2）中得

$$I=U\left(\frac{1}{R_1}+\frac{1}{R_2}+\frac{1}{R_3}\right)$$

由此得

$$\frac{1}{R}=\frac{I}{U}=\frac{1}{R_1}+\frac{1}{R_2}+\frac{1}{R_3} \qquad (10\text{-}8)$$

上式表明：**并联电路总电阻的倒数等于各个电阻倒数之和。**

2. 并联电路的分流作用

由并联电路各个支路两端的电压 U 相同，以及欧姆定律可得

$$\left.\begin{array}{l} I_1=\dfrac{U}{R_1}=\dfrac{R}{R_1}I \\[2mm] I_2=\dfrac{U}{R_2}=\dfrac{R}{R_2}I \\[2mm] I_3=\dfrac{U}{R_3}=\dfrac{R}{R_3}I \end{array}\right\} \qquad (10\text{-}9)$$

上式表明：**并联电路各个支路中电流的分配与电阻成反比，支路中的电阻越小，通过的电流越大。**

利用并联分流，可以扩大电流表的量程。

【例题 10-2】 有一个电阻元件 $R_1 = 100\Omega$，元件通过的最大电流为 5mA，在图 10-10 所示的并联电路中已知干路中的电流 $I = 1A$，并联电阻 R_2 应为多大？

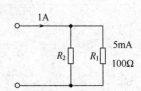

图 10-10 例题 10-2 图

解 要使通过 R_1 的电流 $I_1 = 5$ mA，在 R_2 中分去的电流应为 $I_2 = I - I_1 = 995\text{mA}$，由并联电路中的分流关系可求出

$$R_2 = \frac{I_1}{I_2}R_1 = 0.5\Omega$$

若 $R_2 > 0.5\Omega$，$I_1 > 5\text{mA}$ 所以，答案应为 $R_2 \leqslant 0.5\Omega$。

三、电压表和电流表

常用的电压表 PV 和电流表 PA 都是由小量程的电流表 G（表头）改装而成的。电流表 G（表头）的电阻 R_g 通常叫**表头的内阻**。指针偏转到最大刻度时的电流 I_g 叫做**满偏电流**。电流表 G 通过满偏电流时，加在它两端的电压 U_g 叫做**满偏电压**。$U_g = I_g R_g$，如图 10-11 所示。

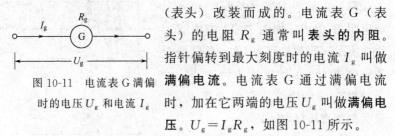

图 10-11 电流表 G 满偏时的电压 U_g 和电流 I_g

表头 G 的满偏电压 U_g 和满偏电流 I_g 一般都比较小，测量较大电压时要串联分压电阻把电流表改装成电压表，测量较大电流时要并联分流电阻把小量程的电流表改装成大量程的电流表。

【例题 10-3】 有一电流表 G（表头），电阻 $R_g = 1\text{k}\Omega$，满偏电流 $I_g = 100\mu\text{A}$ 把它改装成量程为 3V 的电压表，要串联一个多大的电阻？

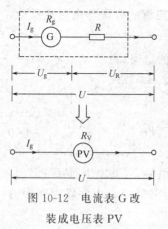

图 10-12　电流表 G 改
装成电压表 PV

解　电压表 PV 由表头 G 和分压电阻 R 组成,如图 10-12 中虚线框内所示。所谓量程为 3V,意思是当电压表 PV 两端的电压 $U=3V$ 时,加在表头 G 上的电压为满偏电压 U_g,指针指在最大刻度处,而最大刻度直接标以 3V。

$U_g=I_gR_g=0.1V$,分压电阻 R 分担的电压 $U_R=U-U_g=2.9V$,由串联电路中的分压关系可以求出

$$R=\frac{U_R}{U_g}R_g=\frac{2.9}{0.1}\times1000=29k\Omega$$

电压表 PV 的内阻 $R_V=R_g+R=30k\Omega$

【例题 10-4】　将上题中表头 G 改装成量程为 1A 的电流表,要并联一个多大的分流电阻?

解　电流表 PA 由表头 G 和分流电阻 R 组成,如图 10-13 中虚线框内所示。所谓量程为 1A,意思是通过电流表 PA 的电流 $I=1A$ 时,通过表头 G 的电流为满偏电流 I_g,最大刻度直接标以 1A。

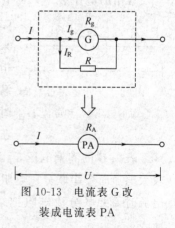

图 10-13　电流表 G 改
装成电流表 PA

这时通过分流电阻 R 的电流 $I_R=I-I_g=0.9999A$,由并联电路中的分流关系可求出

$$R=\frac{I_g}{I_R}R_g=\frac{0.0001}{0.9999}\times1000=0.1\Omega$$

电流表 PA 的内阻 R_A 等于 R_g 和 R 并联的总电阻,试算一算本题中电流表 PA 的内阻是多大,计算结果说明什么?

万用表

万用表是电力和电子行业不可缺少的测量仪表，是一种多功能、多量程的测量仪表。万用表按显示方式分为指针万用表和数字万用表。万用表可测量直流电流、直流电压、交流电流、交流电压、电阻、电容、电感及半导体的一些参数等。

使用万用表时应注意以下事项。

（1）使用前应熟悉万用表各项功能，根据被测量的对象正确选用挡位、量程及表笔插孔。

（2）在对被测数据大小不明时，应先将量程开关置于最大值，再从大量程逐挡往小量程切换。

（3）测量电阻时，应先调节"调零"旋钮，使指针归零，以保证测量结果准确。如果不能调零，应及时检查。

（4）在测量某电路电阻时，必须切断被测电路的电源，不得带电测量。

（5）使用万用表进行测量时，要注意人身和仪表设备的安全，测试中不得用手触摸表笔的金属部分，以确保测量准确，不能在测量的同时换挡，避免发生触电和烧毁仪表等事故。

（6）万用表使用完毕，应将转换开关置于交流电压的最大挡。如果长期不使用，还应将万用表内部的电池取出来，以免电池腐蚀表内其他器件。

习　题

1. 三个 4Ω 的电阻，可以分别组成总电阻值为多少的电路？画出相应的电路。

2. 在图 10-14 所示电路中，加在 ab 上的电压为 100V，已知 $R_4 = 80\Omega$，测得 R_4 两端的电压为 40V，求 ac 间的等效电阻 R_{ac}。

3. 为了控制电动机里电磁铁磁性的强弱，有时给电磁铁线圈串联一个变阻器，电路如图 10-15 所示。电磁铁线圈的电阻 $R = 310\Omega$，当电压为 220V 时，要求 R 中的电流，在 $0.35 \sim 0.7A$ 的范围内变化，应选下述规格

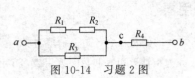

图 10-14 习题 2 图

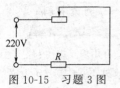

图 10-15 习题 3 图

变阻器的哪一种? (　　)

    A. 0～1000Ω, 0.5A   B. 0～200Ω, 1A

    C. 0～350Ω, 1A   D. 0～200Ω, 2A

4. 在图 10-16 所示的电路中,已知 $R_1 = 200Ω$,通过 R_1 的电流 $I_1 = 0.2A$,通过整个电路的电流 $I = 0.8A$,求 cd 间的等效电阻。

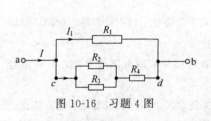

图 10-16 习题 4 图

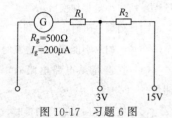

图 10-17 习题 6 图

5. 试把一内阻为 25Ω,量程为 1mA 的电流表改装成:

① 量程为 1A 的电流表,应并联多大电阻?

② 量程为 10V 的电压表,应串联多大电阻?

6. 一只灵敏电流计的满偏电流为 $I_g = 200\mu A$,内阻 $R_g = 500Ω$,如图 10-17 所示。现将其改成 3V、15V 两个量程的电压表,则需串联的电阻 R_1 和 R_2 各是多少?

7. 直流电动机线圈的电阻很小,启动时电流很大,会造成不良后果。为了减小启动电流,需给它串联一个启动电阻 R,如图 10-18 所示，电动机启动后才将 R 减小。如果供电电压 $U = 220V$,电动机线圈电阻为 2.0Ω,那么:①不串联启动电阻时,启动电流多大? ②为了限制启动电流为 20A,启动电阻应为多大?

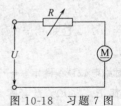

图 10-18 习题 7 图

第四节 电功与电功率

一、电功

电流通过电灯会发光，电流通过电熨斗会发热，电流通过电动机会转动，电流通过各种用电器，将电能转换成其他形式的能，电能的转换是通过电流做功来实现的。

电流通过一段电路时，自由电荷在电场力的作用下发生定向移动，电场力对自由电荷做功。设一段电路两端电压为 U，流过的电流为 I，那么在时间 t 内通过这段电路横截面的电荷量 $q = It$，这相当于在时间 t 内将电荷 q 由这段电路的一端移到另一端，由上一章可知，电场力所做的功

$$W = qU = UIt \qquad (10\text{-}10)$$

上式在静电场中称为电场力的功，而在电路中称为电流的功，简称电功。上式表明，**电流在一段电路上所做的功等于这段电路两端的电压 U，电路中的电流 I 和通电时间 t 三者的乘积。**

在 SI 制中，U、I、t 的单位分别取 V、A、s，电功 W 的单位为 J。

电流通过用电器时做了多少功，就有多少电能转换成其他形式的能，因此，**电功是电能转换为其他形式的能的量度。**

二、电功率

电流做功需要时间，所以电流做功有快慢。电流做功的快慢用电功率来表示。

电流所做的功跟完成这些功所用时间的比叫做电功率，用 P 表示。即

$$P = \frac{W}{t} = UI \qquad (10\text{-}11)$$

上式表明：**一段电路的电功率 P 等于这段电路两端的电压**

U 和电路中电流 I 的乘积。

电功率的单位是 W（瓦特，简称瓦），$1W=1V\cdot A$

式（10-10）和式（10-11）是计算电流的功和功率的普遍公式，不论电能转换为什么形式的能，都可应用它们进行计算。

用电器上通常都标明它正常工作时的电压和功率的数值，叫做**额定电压**和**额定功率**。例如标有"220V、40W"的白炽灯泡，说明该灯泡接在电压为 220V 的电源上能正常发光，消耗的电功率为 40W。如果在其他电压下，它也可能工作，但不正常，其功率也与额定功率不同。电源电压和额定电压相差过大，就有可能损坏用电器。因此，应尽可能使用电器在额定电压下工作。

三、焦耳定律

电流通过电阻时会产生热效应，通电发热是电能转化为导体内能的过程，从微观看，当电流形成时，定向移动的自由电子要频繁地与金属正离子发生碰撞，把定向移动的动能传给正离子，使离子的热运动加剧，这在宏观上就表现为导体的温度升高，即发热，电能转化成内能。

1840 年，焦耳根据精确的实验指出：**电流通过导体时产生的热量 Q，与电流 I 的二次方、导体的电阻 R 及通电时间 t 的乘积成正比例**，这叫做**焦耳定律**。采用 SI 单位时，焦耳定律可用下式表述，即

$$Q=I^2Rt \tag{10-12}$$

式中的 Q 常被叫做焦耳热或电热，单位是 J（焦耳）。

若用电器是纯电阻（白炽灯、电炉、电热器等）电流所做的功全部转换成热量，应用欧姆定律 $U=IR$，则有

$$Q=W=UIt=U^2t/R=I^2Rt \tag{10-13}$$

单位时间内电流产生的热量 $P_Q=Q/t$ 通常称为**热功率**，由式（10-12）可得热功率为

$$P_Q = I^2 R \qquad\qquad (10-14)$$

如果电路中含有非纯电阻性负载（如电动机、电解槽等），这时电能大部分转化成机械能或化学能，只有小部分转化成内能。所以电流所做的功 W，等于它所做的机械功 W_J 跟焦耳热 Q 之和，即

$$W = W_J + Q \text{ 或 } UIt = W_J + I^2Rt \qquad \text{电功率 } P = UI = P_J + P_Q$$

焦耳定律是用电照明、电热设备及计算各种电气设备温升的重要依据。焦耳热也存在有害的一面。输电线及各种用电设备、仪表和电子元件，由于焦耳热不仅白白消耗电能，还会因温升而改变性能和参数，甚至造成故障和损坏。因此，通常要采取降温措施，例如用水来冷却，配用电扇或空气调节器等。

【例题 10-5】 图 10-19 中，内阻 $R = 2.0\Omega$ 的电动机，在电压 $U = 110\text{V}$ 下工作时，通过的电流 $I = 5.0\text{A}$。求：①电动机消耗的电功率 P；②电动机消

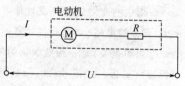

图 10-19　例题 10-5 图

耗的热功率 P_Q；③电动机工作 10min，消耗了多少电能？其中有多少电能转换为机械能，有多少电能转换为焦耳热？④电动机的效率 η。

解　①负载是非纯电阻电路，电功率为

$$P = UI = 110 \times 5.0 = 550\text{W}$$

②电动机消耗的热功率为

$$P_Q = I^2R = 5.0^2 \times 2.0 = 50\text{W}$$

③电动机工作 10min，消耗的电能

$$W = Pt = 550 \times 10 \times 60 = 3.30 \times 10^5 \text{J}$$

其中转换为焦耳热的电能

$$W_Q = P_Qt = 50 \times 10 \times 60 = 3.0 \times 10^4 \text{J}$$

转换为机械能的电能

$$W = W - W_Q = 3.30 \times 10^5 - 3.0 \times 10^4 = 3.0 \times 10^5 \text{ J}$$

④ 电动机的效率 $\eta = \dfrac{W}{W_0} = \dfrac{3.0 \times 10^5}{3.3 \times 10^5} = 0.909 = 90.9\%$

习　题

1. 请说出某电动机铭牌上"220V、5.4kW"的物理意义。

2. 对于白炽灯、电风扇、电熨斗、电冰箱这些家用电器，哪些可以用 U^2/R 式来计算消耗的电功率？

3. 在用电器电功率为 2.4kW，电源电压为 220V 的电路中，能否选用电流为 6A 的保险丝？

4. 一电水壶的电阻丝，额定电压 220V，额定功率 2kW，求它的电阻和额定电流。

5. 海中的双鳍电鳐阵发性放电时，放电电流为 50A，放电电压可达 80V。问双鳍电鳐一次放电的功率可达多少？

6. 如图 10-20 是一种电饭锅的加热、保温电路简图。开关 S 闭合时，进行加热煮饭，如图 10-20（a）所示；水煮干后，电饭锅底温度升至 103℃±2℃ 时，感热元件自动切断开关 S，如图 10-20（b）所示，电饭锅处于焖饭保温状态。已知 $R_1 = 161\Omega$，$R_2 = 242\Omega$，分别求加热和保温两个阶段 R_1、R_2 消耗的电功率。

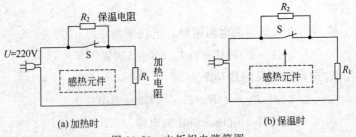

图 10-20　电饭锅电路简图

7. 图 10-21 是某电热毯的电路图。220V 的交流电经变压器降至安全电压。工作电压为 24V 时，电热丝功率为 60W。那么，电热丝在 18V、24V 电压工作时，消耗的功率各是多少？

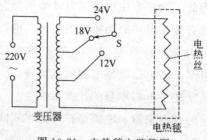

图 10-21　电热毯电路简图

8. 输电线的电阻 $R = 1.0\Omega$，电站的输出功率 $P = 100kW$。求下述两种情况下输电线上损失的热功率：①用 10kV 的电压输电；②用 1kV 的电压输电。

9. 一台电风扇，消耗的电功率为 60W，其电阻为 2Ω，当接上 220V 的电压后正常运行。问通过的电流是多少？每小时有多少电能转换为机械能？

10. "220V、100W" 和 "220V、40W" 的两只灯泡串联后接到电压为 220V 的电源上，灯泡两端的电压各是多少？每只灯泡上的实际功率是多少？

第五节　电动势与闭合电路欧姆定律

本章前面几节研究的问题只涉及电路的一部分——部分电路，这一节将研究完整的电路——闭合电路中的电压、电流、功率等问题。

一、电源、电动势

电路中要形成持续的电流，电路两端必须维持有恒定的电压，能起这种作用的装置叫电源。电源的类型很多，电池是一种便于携带的直流电源，使用范围很广（参见阅读材料）。

电源有保持两极间有一定电压的作用。不同种类的电源，保持两极间有一定电压的本领不同，没有接入电路的电源，干电池可保持正、负极间有 1.5V 的电压，常用的铅蓄电池可保持两极间有 2.0V 的电压，可见电源两极间的电压值，是由电源本身的特性决定的。为此，物理学中引入了电动势的概念。**电源的电动势，等于电源没有接入电路时两极间的电压**。电源的电动势用符号 E 来表示，电动势的单位是 V（伏特）。将理想电压表直接接在电源的两极上测出的电压就是电源的电动势。

电动势究竟反映了电源本身的什么特性呢？

从能量转化的观点来看，电源是把其他形式的能量转化成电能的装置。干电池、蓄电池把化学能转化成电能，发电机把机械能转化成电能。不同类型的电源把其他形式的能量转化为电能的本领是不同的。用电源的电动势来表示电源的这种特性。**电动势在数值上等于电路中通过单位电荷量时电源所提供的电能**。例如：干电池的电动势为 1.5V，表示在干电池的电路中每通过 1C 的电荷量，干电池提供的电能为 1.5J，铅蓄电池的电动势为 2.0V，表示在铅蓄电池的电路中每通过 1C 的电荷量，蓄电池提供的电能为 2.0J。

如果已知电源的电动势为 E，从电源的电路中通过的电荷量为 q 时，电源提供的电能 W 为

$$W = qE \tag{10-15}$$

电动势是标量，正如电流一样，规定在电源内部从负极到正极为电动势的方向。

二、闭合电路欧姆定律

把电源接入电路，形成闭合电路。闭合电路由两部分组成，一部分是电源外部的电路，叫**外电路**，外电路的电阻叫**外电阻**，用 R 表示；另一部分是电源内部的电路，叫**内电路**，电流通过内电路时，电源也会发热，所以内电路也有电阻，内电路的电阻叫电源的**内阻**，用 r 表示，如图 10-22 所示。

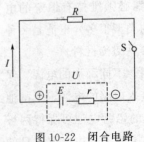

图 10-22　闭合电路

合上开关 S，闭合电路中有电流通过时，在内外电路中，电源提供的电能转化为其他形式的能量，用 W 表示电源提供的电能 $W=Eq=EIt$，W_1 表示外电路消耗的电能 $W_1=I^2Rt$，W_2 表示内电路消耗的电能 $W_2=I^2rt$，由能量守恒定律可知

$$W=W_1+W_2 \qquad 即 \qquad EIt=I^2Rt+I^2rt$$

消去 t，解出 I 可得

$$I=\frac{E}{R+r} \tag{10-16}$$

上式表示，**闭合电路中的电流 I 跟电源电动势 E 成正比，跟内、外电路中的电阻之和（$R+r$）成反比**，这个结论称作**闭合电路的欧姆定律**。

闭合电路欧姆定律是分析直流电路的重要依据。

当电路中有电流流过时，电路的内、外部分都有电压。下面研究电源电动势跟电路中各电压的关系。由式（10-16）得 $E=IR+Ir$ 外电路电压用 U 表示，内电路电压用 U' 表示。由欧姆定律可知，$U=IR$，$U'=Ir$，则有

$$E=U+U' \tag{10-17}$$

上式表明**电源电动势等于外电路电压和内电路电压之和**。外电路的电压也是电源正、负极之间的电压，故又称做**路端电压**。由式（10-17）可知，$U'\neq0$ 时 $U<E$，即通常情况下路端电压低于电源的电动势。

【例题 10-6】 在图 10-23 所示的电路中，电源电动势为 1.5V，内阻为 0.1Ω，外电路电阻为 2.9Ω，求电路中的电流和路端电压。

解 已知 $E=1.5V$ $r=0.1Ω$ $R=2.9Ω$

求电流 I 和路端电压 U

由闭合电路欧姆定律可求出电流 I

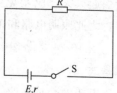

图 10-23 例题 10-6 图

$$I = \frac{E}{R+r} = \frac{1.5}{2.9+0.1} = 0.5\text{A}$$

路端电压为

$$U = IR = 0.5 \times 2.9 = 1.45\text{V}$$

三、路端电压与负载电阻的关系

用电器都是接在外电路中的，一般用一个等效电阻 R 表示，称为电源的负载电阻，电源工作时的"有效"电压是路端电压，所以研究路端电压的变化规律是很重要的。

对于一个给定的电源，在一定的时间内可认为电动势 E 和内阻 r 是一定的。由式（10-16）可知，当负载电阻 R 改变时，电路中电流 I 要发生改变，路端电压 U 会随之改变，其关系可由式（10-17）变形而得

$$U = E - U' = E - Ir \qquad (10\text{-}18)$$

由式（10-16）和式（10-18）可得到端电压的变化规律。

当负载电阻 R 增大，电流 I 减小，内电压 $U' = Ir$ 减小，路端电压 U 增大。作为特例，当电路断开时，R 变为∞大，$I=0$，$U'=0$，$U=E$，**即断路时电源的端电压等于电源的电动势**。

当负载电阻 R 减小时，电流 I 增大，内电压 $U' = Ir$ 增大，路端电压 U 减小。作为特例，当外电路短路时 $R=0$，路端电压 $U=0$，$I=E/r$ 叫做**短路电流**，由电动势与内阻决定。一般电源的内阻 r 很小，如干电池内阻小于 1Ω，铅蓄电池内阻只有 $0.005\sim0.1\Omega$，所以短路电流很大，电流过大会烧坏电源，甚至会引起火灾。应避免电源短路。防止短路是安全用电的基本要求，为此照明电路和工厂的用电线路都要有短路保护。

图 10-24 是路端电压 U 与电路中电流 I 之间的关系曲线，也就是式（10-18）的函数图像，这种关系曲线反映了电源的特性，称为电源的外特性曲线，简称**电源外特性**。因为 E 和 r 是常量，所以它是一条向下倾斜的直线。当 R 变为无限大时，$I=0$，U

$=E$，即该直线在纵轴上的截距就等于电源电动势。随着 R 的减小，I 逐渐增大，U 逐渐减小。直线倾斜的程度与内阻 r 有关，内阻 r 越大，其外特性越陡，r 越小，外特性越平。

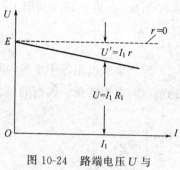

图 10-24　路端电压 U 与电流 I 的关系曲线

具有不变的电动势和较低内阻的电源称为**电压源**，大多数实际的电源如干电池、铅蓄电池及一般直流发电机都可视为电压源。若电压源的内阻 $r \approx 0$，可忽略不计，即认为电源供给的电压总是等于电动势，其外特性是 $U=E$ 的一条水平线图。如图 10-24 中虚线所示。作为一般用电设备所需的电源，多数是需要它输出较为稳定的电压，这就要求电源的内阻越小越好。

四、闭合电路中的功率

将式（10-17）$E=U+U'$ 两端乘以电流 I，得到

$$EI=UI+U'I=I^2R+I^2r \tag{10-19}$$

式中 EI 表示电源提供的电功率，I^2R 是负载电阻上消耗的热功率，I^2r 是内阻上消耗的热功率，上式表示电源提供的电能有一部分消耗在内阻上转化为电源的内能，其余部分输出到外电路中的负载上。

电源输出的功率 $P=UI=I^2R$ 也和负载电阻 R 有关，当 R 增大时，I 减小，那么在什么情况下 P 为最大呢？由闭合电路欧姆定律可得

$$P=UI=I^2R=\left(\frac{E}{R+r}\right)^2 R=\frac{E^2}{\dfrac{(R-r)^2}{R}+4r}$$

由上式可得 P 随 R 变化的规律，如图 10-25 所示。

当 $R=r$ 时，输出功率 P 为最大值

$$P_{\mathrm{m}}=\frac{E^2}{4r} \qquad (10\text{-}20)$$

即当负载电阻等于电源内阻时，电源的输出功率最大，这时称负载与电源**匹配**。匹配的概念在无线电技术中经常用到。

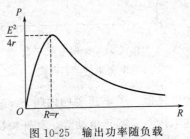

图 10-25 输出功率随负载
电阻变化的关系

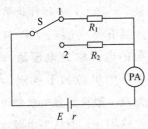

图 10-26 例题 10-7 图

【**例题 10-7**】 在图 10-26 中，$R_1=14\Omega$，$R_2=9\Omega$ 当开关 S 打到位置 1 时，电流表的示数为 $I_1=0.2A$，当开关 S 打到位置 2 时，电流表示数 $I_2=0.3A$，求电源的电动势 E 和内阻 r。

解 根据闭合电路欧姆定律可列出方程组

$$\begin{cases} E=I_1R_1+I_1r \\ E=I_2R_2+I_2r \end{cases}$$

代入数据

$$\begin{cases} E=0.2\times14+0.2r \\ E=0.3\times9+0.3r \end{cases}$$

解得 $E=3\mathrm{V}$，$r=1\Omega$

习　题

1. 选择与填空题

(1) 铅蓄电池的电动势为 2V，这表示 (　　)。

　　A. 电路中每通过 1C 电荷量，电源把 2 J 的化学能转变为 2J 的电热

　　B. 无论接不接入外电路，蓄电池两极间的电压都为 2V

C. 蓄电池在 1s 内将 2J 的化学能转变为电能

D. 蓄电池将化学能转变为电能的本领比一节干电池（电动势为 1.5V）的大

(2) 下列关于电源电动势的说法正确的是（　　　）。

A. 电动势是用来反映电源将其他形式的能转化为电能本领大小的物理量

B. 外电路断开时的路端电压等于电源电动势

C. 用内电阻较大的电压表直接测量电源正负极之间的电压值约等于电源的电动势

D. 外电路的总电阻越小，则路端电压越接近电源的电动势

2. 电源的电动势为 2.0V，外电路电阻 R 为 9.0Ω 时，路端电压为 1.8V，求电源的内阻 r。

3. 如图 10-27 所示，合上开关 S，当电阻箱的电阻 $R_1 = 14$Ω 时，电压表的示数 $U_1 = 2.8$V，当电阻箱的电阻调为 $R_2 = 2$Ω 时，电压表的示数 $U_2 = 2$V，求电源的电动势 E 和内阻 r。

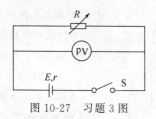

图 10-27　习题 3 图

4. 许多人造卫星都用太阳能电池供电，太阳能电池由许多电池板组成。某电池板的开路电压是 600μV，短路电流是 30μA，求这块电池板的内阻。

5. 有一闭合电路，电源的电动势为 12V，电源内阻为 0.5Ω，负载电阻为 2.5Ω，求①电源产生的电功率；②负载消耗的热功率；③内阻消耗的热功率；④该电源能够输出的最大功率。

6. 某台发电机向 500m 远的用户单独供电，用户装有"220V，40W"的灯 20 盏，输电用的铜导线横截面积为 $S = 10$mm^2，设 20 盏灯全部在正常使用，求

① 发电机的路端电压；

② 输电线路上消耗的热功率；

③ 发电机输出的电功率。

常用电源

工业上最重要的电源是发电机。它利用电磁感应现象把机械能变成电能，其基本原理将在第 12 章介绍。

容易制造、便于携带和安装因而用途广泛的电源是各类电池。它们有蓄电池、干电池（包括纽扣电池）、太阳能电池等，下面简述它们的构造和原理。

1. 蓄电池

蓄电池是一种化学电源。各种化学电源的基本组成部分都是电解质溶液和插入其中的正、负电极。正、负电极是由不同的金属（或碳棒）做成。在负极进行氧化反应，释放出的电子经过外电路流入正极。正极接受电子后进行还原反应。此时氧化还原反应所释放的化学能就转变成了电路中消耗的电能。各种化学电源的不同就在于正、负极的材料和电解质不同。化学电源的组成通常以下列图式表达

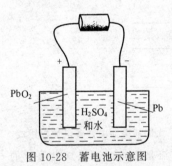

图 10-28 蓄电池示意图

负极｜电解质｜正极

常用的蓄电池是铅蓄电池。它的负极是铅板，正极是涂了一层过氧化铅（PbO_2）的铅板，如图 10-28 所示。二者都浸到硫酸溶液中，因此，铅蓄电池的化学组成式是

$$Pb \mid H_2SO_4 \mid PbO_2$$

当外电路接通后，两极进行的化学反应如下。

在负极 $\qquad Pb + SO_4^{2-} \longrightarrow PbSO_4 + 2e^-$

在正极 $\quad PbO_2 + SO_4^{2-} + 4H^+ + 2e^- \longrightarrow PbSO_4 + 2H_2O$

这种蓄电池的电动势为 2V。

蓄电池在使用时，蓄电池里的电能开始释放。随着电能的继续释放，

蓄电池里的电解质内的硫酸浓度不断减小。当浓度小于一定值时，电动势将明显低于 2V。这时不能继续使用。要想继续使用，必须对蓄电池进行充电，充电时用另外的电源使电流沿相反的方向通过蓄电池。这时在正、负极会进行上述化学反应的逆反应，从而使两极板以及溶液中硫酸的浓度都恢复到原来的情况，此后蓄电池就能作为电源继续使用，既能放电，又能充电，也就是说能够进行可逆的反应，这就是蓄电池的特点和优点。注意，此处说的放电和充电并不是增加或减少了电池内的正的或负的电荷，而是增加或减少了蓄电池所储存的化学能。

除实验室外，使用蓄电池最多的地方是汽车。汽车上的蓄电池 6 个装在一起，可以产生 12V 的电动势。这一个蓄电池组储存的能量约 $1.8 \times 10^6 J$（即 $0.5kW \cdot h$）。作为潜水艇动力用的蓄电池组可以重几百吨，储存的能量可达 $1.8 \times 10^{10} J$（即 $5 \times 10^3 kW \cdot h$）。

2. 干电池和纽扣电池

干电池也是一种化学电源。常用的干电池的中心是一根碳棒，是正极，其周围包以黑色的 MnO_2 粉。它的外面是用 NH_4Cl 溶液制的糨糊，最外面用锌皮裹住作为负极，然后用火漆封口即成，如图 10-29（a）所示。因此这种电池的化学组成式为

$$Zn \mid NH_4Cl \mid MnO_2$$

这种电池的电动势为 1.5V。化学电池的电动势只决定于所用的材料，与电池的尺寸无关，所以大、小号电池的电动势是一样的，但大号的电池

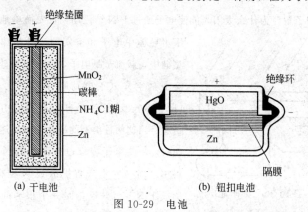

(a) 干电池   (b) 纽扣电池

图 10-29   电池

储存能量要多一些。普通 1 号电池储存的能量约为 7.2×10^3 J（即 2×10^{-3} kW·h）。干电池不能进行逆反应，因而是一种消耗品。

近来在电子手表、小型计算器、心脏起搏器以至导弹和人造卫星中常用的钮扣式电池（或微型电池）也是一种"干"电池。有一种一氧化汞电池，其化学组成式为

$$\text{Zn} \left| \begin{array}{c} \text{KOH} \\ \text{K}_2\text{Zn}\,(\text{OH})_4 \end{array} \right| \text{HgO}\,(\text{C})$$

电池的正、负极各与钢制的外壳相接。正极是由红色的氧化汞和少量的石墨组成。负极是含有 10％汞的汞齐化锌粉。这些物质都可以压制成块状放入半个电池壳内或直接压入半个电池壳。在两个电极之间充有吸水性物质，叫做隔膜，它们浸透了电解质溶液。有的电池中人们也使用糨糊状的电解质，它是在电解质溶液中加入少许甲基纤维素而制成的。图 10-29 (b) 为一种钮扣电池结构示意图，这种电池的电动势为 1.35V。

3. 太阳能电池

太阳能电池不是化学电源，它是直接把光能转变成电能的一种装置。它是由两种不同导电类型即电子型（N 型）和空穴型（P 型）硅的半导体构成的。图 10-30 是太阳能电池的结构示意图。在 N 型硅芯周围是一层 P 型硅，这层 P 型硅非常薄，约为 10^{-4}cm。当太阳光穿过 P 型硅薄层并照射到 N 型与 P 型硅的交界区（叫 P-N 结）上时，它使电子从 P 型硅向 N 型运动。

为了解释为什么太阳光能使电子通过 P-N 结流动，首先简单地描述一下半导体中电子和空穴的运动规律。在 N 型硅中，载流子是电子，而在 P 型硅中，载流子是空穴（正电荷）。图 10-31 (a) 与 (b) 分别表示了 N 型硅与 P 型硅中的电荷情况。当这两种类型的硅片接触并连接在一起时，一些电子将穿过界面扩散到 P 型材料中，而一些空穴将扩散到 N 型材料中，形成 P-N 结。P-N 结是一个很薄的空间电荷区，靠 P 区的一边带负电，靠 N 区的一

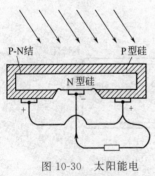

图 10-30 太阳能电池示意图

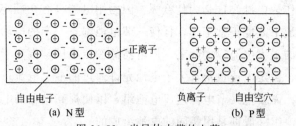

图 10-31　半导体中带的电荷

边带正电，从而产生了一个空间电场，这个电场的方向是由 N 区指向 P 区的，如图 10-32 所示。电场的存在就成为扩散运动的一个阻力，它阻止 N 区的电子继续向 P 区扩散，最后达到一种平衡。

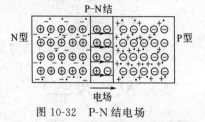

图 10-32　P-N 结电场

太阳能电池的电流是由太阳光对 P-N 结的电场区内原子的作用产生的。当太阳光照到这些原子中的某一个原子时，使它离，即从原子中拉出一个电子。这样就产生了一个自由电子和一个自由空穴，在 P-N 结电场的作用下，电子加速到结的 N 区一边，空穴加速到结的 P 区一边，其结果就形成了正电荷从 N 区流向 P 区的电流。在外电路中，电流将从 P 端流回 N 端，也就是 P 端作为太阳能电池的正极，N 端作为太阳能电池的负极。

硅太阳能电池的电动势约为 0.6mV，从它所能取得的电流是比较小的。即使强太阳光照射到面积为 5cm² 的单个太阳能电池上，也只能获得 0.1A 的电流。太阳能电池效率较低，大约只有 11％ 的光能变成电能。为了产生可用的电力，常常将大量太阳能电池组合起来形成太阳能电池板。

如果在太阳能电池表面涂上一层放射性物质，那么它放射出的射线可以起太阳光的作用而引起电流，这样就做成了原子能电池。

第六节　电　池　组

通常使用的各种用电器，如随身听、手电筒等都同时使用几节电池作为电源，这是为什么呢？因为用电器只有在额定电压和额定电流下才能正常工作，任何一节电池都有一定的电动势和允许通过的最大电流。实际上，用电器的额定电压常常高于电池的电动势，额定电流也常常大于电池允许通过的最大电流，在这种情况下，需要把几节电池连成电池组，以便提高供电的电压或电流。电池组一般都是用相同的电池组成的。

电池的基本接法有两种：串联和并联。

一、串联电池组

把电池如图 10-33 那样连接起来，就成了串联电池组。

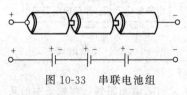

图 10-33　串联电池组

设电池组由 n 节电池串联而成，每节电池的电动势为 E_0，内阻为 r_0。显然，总内阻为 nr_0。由于每节电池正极的电势，都比与其负极相连的后边一节电池正极的电动势高 E_0，因此电池组的电动势 E 和内阻 r 分别为

$$E = nE_0 \qquad r = nr_0 \qquad (10\text{-}21)$$

在外电阻为 R 的闭合电路中，电路电流为

$$I = E/(R+r) = nE_0/(R+nr_0) \qquad (10\text{-}22)$$

看得出串联电池组可以增大输出电压。当用电器的额定电压高于单个电池的电动势时，可以用串联电池组供电。由于这时全部电流要通过每节电池，所以用电器的额定电流要小于单节电池允许通过的最大电流。

用几节电池组成串联电池组时，不要把其中任何电池的极性接反。

二、并联电池组

把电池如图 10-34 那样相连，就成了并联电池组。

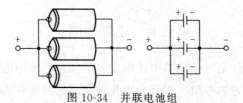

图 10-34　并联电池组

设电池组由 n 节电池并联而成，它们的电动势都是 E_0，内阻都是 r_0，则并联电池组的电动势 E 和内阻 r 分别为

$$E=E_0 \qquad\qquad r=r_0/n \qquad\qquad (10\text{-}23)$$

把并联电池组接入外电阻为 R 的闭合电路，回路中的电流为

$$I=\frac{E}{R+r}=\frac{E_0}{R+r_0/n} \qquad\qquad (10\text{-}24)$$

并联电池组跟一个电池相比，电动势并未提高，但每节电池提供的电流只是负载电流的 $1/n$，整个电池组可提供较强的电流，因此，当用电器的额定电流大于单节电池允许通过的最大电流时，可采用并联电池组供电。

　　不同电动势的电池不能并联使用，电池极性不能接错。

习　　题

1. 太阳能电池板的电动势为 0.6mV，允许通过的最大电流是 $25\mu A$。求下列两种情况下，应如何连接电池板：①需要 120V、$25\mu A$ 电源；②需要 0.6mV、25mA 电源。

2. 有 10 个相同的蓄电池，每个蓄电池的电动势等于 2V，内阻为 0.04Ω。把这些蓄电池串联成电池组，这个电池组再跟电阻等于 3.6Ω 的外电路连在一起。求电路中的电流和电池组两端的电压。

3. 火车上照明用的电池组由 18 个电动势为 2.0V、内阻为 0.01Ω 的蓄电池串联而成。车内有电阻为 50Ω 的照明灯 20 盏。求每盏灯中通过的电流和电池组两端的电压。

第七节　电阻的测量

电阻元件是电子技术中使用最多的元件。使用电阻元件时经常需要测量它的电阻。本节介绍几种常用的测量方法。

一、伏安法

根据欧姆定律 $R=U/I$，用电压表测出电阻两端的电压，用电流表测出通过电阻的电流就可求出电阻，这种测量电阻的方法叫做伏安法。

用伏安法测电阻时，由于电压表和电流表本身具有内阻，把它们接入电路后，不可避免地要改变被测电路中的电压和电流，给测量结果带来误差。

用伏安法测电阻时，电压表和电流表有两种接法，如图 10-35 所示，R 为待测电阻，设电流表内阻为 r_A，电压表内电阻为 r_V。

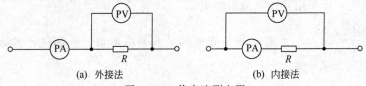

(a) 外接法　　　　　　　　　(b) 内接法

图 10-35　伏安法测电阻

采用图 10-35（a）接法时，所测出的电阻为 $R_a=U_a/I_a$，U_a、I_a 分别为电压表、电流表的示数。设 I 为流过电阻 R 的电流，而流过电压表的电流 $I_v=U_a/r_v$，所以

$$I_a=I+I_v=\frac{U_a}{R}+\frac{U_a}{R_v}=U_a\left(\frac{1}{R}+\frac{1}{R_v}\right)$$

则有 $\dfrac{1}{R_a}=\dfrac{I_a}{U_a}=\dfrac{1}{R}+\dfrac{1}{R_v}$，即 $R_a=R//R_v$

这样测出的电阻值实际上是 R 与 R_v 并联的总电阻，因此，外接法测出的电阻值要比真实值小，待测电阻的阻值比电压表内阻小得越多，误差越小。一般 R_v 较大，所以，测量小电阻应采

用电流表外接法。

采用图 10-35（b）接法时，所测出的电阻为 $R_b = \dfrac{U_b}{I_b}$

因为 $U_b = I_b r_A + I_b R$，所以 $R_b = \dfrac{U_b}{I_b} = r_A + R$

这样测出的电阻实际上是 R 与 r_A 串联的总电阻。因此内接法测出的电阻值要比真实值大。待测电阻的阻值比电流表的内阻 r_A 大得越多，误差越小，一般 r_A 较小，所以测量大电阻时应采用电流表内接法。

二、欧姆表

实际中常用能直接读出电阻值的欧姆表来测量电阻，万用表的电阻挡实际上就是一个欧姆表。

欧姆表是根据闭合电路欧姆定律制成的，它的原理如图 10-36 所示，G 是电流表（表头）内阻为 r_g 满偏电流为 I_g。电池的电动势为 E，内阻为 r。R 是可变电阻，也叫调零电阻。

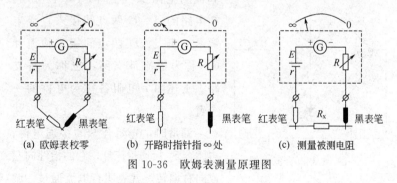

(a) 欧姆表校零　　(b) 开路时指针指 ∞ 处　　(c) 测量被测电阻

图 10-36　欧姆表测量原理图

当红、黑表笔相接时，如图 10-36（a）所示，相当于被测电阻 $R_x = 0$，调节 R 的阻值，使 $E/(r + r_g + R) = I_g$，则表头的指针指到满刻度，所以刻度盘上指针在满偏处定为电阻挡的"0"点。$(r + r_g + R)$ 是电阻挡的内阻，也叫中值电阻。

当红、黑表笔不接触时，如图 10-36（b）所示，相当于被

测电阻 $R_x = \infty$，电流表中没有电流，表头指针不偏转，此时指针所在的位置是电阻挡刻度"∞"点。

当红、黑表笔间接入被测电阻 R_x 时，如图 10-36（c）所示，通过表头的电流 $I = E/(r + r_g + R + R_x)$。改变 R_x 电流 I 随着改变，每个 R_x 值都对应一个电流 I 值。如果在刻度盘上直接标出与 I 值对应的 R_x 值，就可以从刻度盘上直接读出被测电阻的阻值。当 $R_x = R + r_g + r$ 时，指针指在刻度盘的 $0 \sim \infty$ 的正中间。

欧姆表中的电池用久了，它的电动势和内阻都要发生变化，欧姆表指示的电阻值会有较大的误差。所以欧姆表只用来粗略地测量电阻。

三、直流电桥

直流电桥是一种比较式测量仪表，它可以用来比较准确地测量电阻，还可以测量温度、压力等非电量。

直流电桥（惠斯通电桥）电路由四个电阻构成：两个标准电

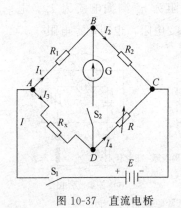

图 10-37　直流电桥

阻 R_1、R_2；一个可调的标准电阻 R 和被测电阻 R_x，如图 10-37 所示。在电路的 A、C 两点间接入直流电源 E；在 B、D 两点间接入检流计 G，称为检流计支路，也称为桥支路。上述四个电阻各称为电桥的一个臂。

测量时，先闭合 S_1，接通电源；再闭合 S_2 接通检流计，它的指针向左或向右偏转，就表明有电流通过。调节 R 使检流计的指示为零，即桥支路的电流 $I_G = 0$，这时称为**电桥平衡**。"桥"上无电流，说明 B、D 两点间电压等于零

$$U_{BD} = 0$$

于是得　　　　　　$U_{AB} = U_{AD}$ 即　　　　　$R_1 I_1 = R_x I_3$

$$U_{BC} = U_{DC} \text{ 即} \qquad R_2 I_2 = R I_4$$

两式相除得

$$\frac{R_1 I_1}{R_2 I_2} = \frac{R_x I_3}{R I_4}$$

电桥平衡时 $I_G = 0$，因而 $I_1 = I_2$，$I_3 = I_4$；上式为

$$\frac{R_1}{R_2} = \frac{R_x}{R}$$

或 $\qquad R_2 R_x = R_1 R$

所以

$$R_x = \frac{R_1}{R_2} R \qquad (10\text{-}25)$$

由此可得出结论：直流电桥平衡时，电桥相对二臂电阻的乘积相等。如已知 R_1/R_2 和 R 的数值，即可计算出被测电阻 R_x，而且测量结果与电压、电流无关，故准确度很高。

习 题

1. 选择与填空题

(1) 伏安法测电阻时，根据电流表的接法，分为 _____ 法和 _____ 法两种。采用 _____ 法时，测出的电阻值比真实值小。

(2) 当待测电阻较大，远大于电流表内阻时，应采用 _____ 法测量；当待测电阻较小，远小于电压表内阻时，应采用 _____ 法测量。

(3) 用电流表内接法和外接法测量某电阻 R_x 的阻值，测得的结果分别为 $R_内$ 和 $R_外$，则测量值与真实值 R_x 从大到小的排列顺序是 _____ _____。

2. 如图 10-38 所示电路，电压表和电流表的读数分别为 10V 和 0.1A，电流表内阻为 0.2Ω，求待测电阻 R_x 的测量值和真实值。

3. 一个量程为 150V 的电压表，内阻为 20kΩ，把它与一个高电阻串联后接在 110V 的电路上，电压表的读数是 5V，高电阻的阻值是多少？（这是测量高电阻的一种方法）。

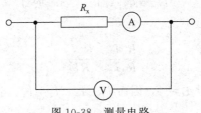

图 10-38 测量电路

4. 如果电流表的内阻是 $R_A = 0.05\Omega$，电压表的内阻 $R_V = 20k\Omega$，用伏安法测电阻，要测量的电阻 R 大约为 10kΩ，应采用哪种接法？如果要测量的电阻 R 大约为 10Ω，应采用哪种接法？

本章小结

知 识 点		公式表达式	适用范围和条件	了解或掌握
电流		$I = q/t$	任意电路	了解
电阻		$R = U/I$	导体	了解
欧姆定律		$I = U/R$	金属、电解液导体	掌握
电阻定律		$R = \rho L/S$	导体	了解
串联电路	特点	$I_0 = I_1 = I_2 = \cdots = I_n$	电阻串联	掌握
		$U = U_1 + U_2 + \cdots + U_n$		
	性质	$R = R_1 + R_2 + \cdots + R_n$		
		$U_n \propto R_n$		
并联电路	特点	$I = I_1 + I_2 + \cdots + I_n$	电阻并联	掌握
		$U = U_1 = U_2 = \cdots = U_n$		
	性质	$1/R = 1/R_1 + 1/R_2 + \cdots + 1/R_n$		
		$I_n \propto 1/R_n$		
电功 电功率		$W = UIt$ $P = UI$	任意电路	掌握
		$Q = I^2Rt$ $P = I^2R = U^2/R$	纯电阻电路	掌握
闭合电路		$I = E/(R+r)$	电阻性电路	掌握
欧姆定律		$U = E - Ir$	任意电源	掌握
电池组		$E = nE_0$ $r = nr_0$	串联电池组	了解
		$E = E_0$ $r = r_0/n$	并联电池组	了解

复 习 题

1. 一条通以 10A 电流的导线，在 20s 内有多少电子通过其横截面？

2. 一段粗细均匀的镍铬丝，横截面直径是 d，电阻是 R，把它均匀拉制成直径为 $d/10$ 的细丝后，它的电阻是多少？

3. 求图 10-39 电路中的 I、U、R。

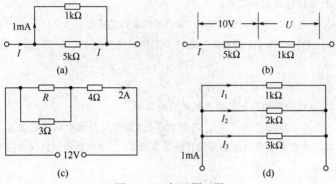

图 10-39　复习题 3 图

4. 在图 10-40 所示电路中，三个电阻 $R_1 = 2\Omega$，$R_2 = 4\Omega$，$R_3 = 6\Omega$，求：

① 接通开关 S，断开开关 S_1 时，R_1 与 R_2 两端电压之比和它们消耗的功率之比；

② 两个开关都接通，R_2 与 R_3 所消耗的功率之比；

③ 两个开关都接通，通过 R_3 的电流 $I_3 = 0.8A$，电源内阻 $r = 0.6\Omega$，求电源的电动势。

5. 在图 10-41 中，$R_1 = 2\Omega$，$R_2 = 4\Omega$，当开关 S 断开时，测得电阻 R_1 的电压为 4V，合上开关 S 测得 R_1 上的电压为 6V，求电压 U 和电阻 R_3 的值。

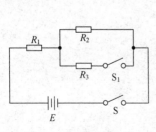

图 10-40　复习题 4 图

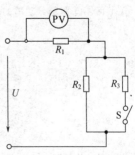

图 10-41　复习题 5 图

6. 一个工作电压 110V，功率为 500W 的电热器，接在 110V 的线路上，求：

① 电热器的电阻；

② 通过电热器的电流；

③ 若线路的电压降到 100V，电热器的实际功率是多少？

7. 一台内阻为 2Ω 的直流电动机，工作时电压为 220V，通过的电流为 4A，求：

① 电机从电源吸收的功率；

② 电机的热功率和转换为机械能的功率。

8. 由 5 个电动势为 1.4V，内阻为 0.3Ω 的相同电池串联成的电池组给某一电阻性负载供电，该负载消耗的功率为 8W，求电池组的路端电压和通过的电流。

9. 8Ω 的电阻与一个阻值可调的电热器 R 串联后接入电动势为 80V，内阻为 2Ω 的电源中，问当 R 取何值时，电热器上的功率最大？这时的功率是多少？

10. 发电机路端电压 $U = 230V$，线路上的电流 $I = 50A$，铜导线的横截面积 $S = 16mm^2$，发电机到负载的距离 $L = 84.6m$。求：

① 每根导线的电阻；

② 每根导线上的电压；

③ 负载两端电压；

④ 发电机供给的功率；

⑤ 负载消耗的功率；

⑥ 上面④⑤两部分功率的差额是多少？消耗在哪里？

第十一章 磁　场

学习指南

　　本章从基本磁现象出发，研究磁场和磁现象的
电本质，研究磁场对通电导线和带电粒子的作用，
及带电粒子在匀强磁场中的运动。

第一节　磁场和电流的磁场

　　磁现象跟电现象一样人们很早就有认识，在中国春秋战国时
期就有"上有慈石，下有铜金"和"慈石召铁"的文字记载。那
么电与磁之间有什么联系呢?

　　人类认识到电与磁之间的关系是直到 1820 年 4 月的一天晚
上，丹麦科学家奥斯特"偶然"发现给一根导线通电时，在导线
下方与导线平行放置的小磁针发生了偏转，于是发现了电流具有
磁效应。从此，人们逐步认识了电与磁的紧密联系。

一、磁场

　　小磁针放在导线或磁铁的周围，并未与其接触，为何会受到
力的作用而偏转呢?

　　初中已经学过，同名磁极互相排斥，异名磁极互相吸引。电
荷间的相互作用是通过电荷周围的电场来传递的，与此类似，磁
极与磁极间、电流与磁极间的相互作用也是通过它们周围的一种

特殊物质来实现的，这种特殊物质称为**磁场**。

1.磁场的特性

磁体周围存在着磁场，处在磁场中的磁极和电流有力的相互作用，这就是磁场的最基本特性。

2.磁极

一个磁体上磁性最强的两处叫做磁极，分别为 S（南）极和 N（北）极。

3.磁场的方向

把一些小磁针放在条形磁铁周围不同位置，小磁针静止时，北极所指的方向是不同的。在磁场中的任一点，**小磁针静止时北极受力的方向（即小磁针静止时北极所指的方向），就规定为那一点的磁场方向**。

4.磁感线

像在电场中利用电场线来形象描绘电场一样，在磁场中可以

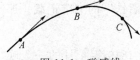

图 11-1 磁感线

利用磁感线来形象地描绘磁场。如图 11-1 所示，在磁场中画出有方向的曲线，在这些曲线上，每一点的切线方向，与该点的磁场方向一致，这样的曲线就是**磁感线**。如图 11-2 所示的是条形磁铁和马蹄形磁铁的磁感线的分布情况。

磁感线有以下几个特点。

① 磁感线可以通过实验观察到，但实际上磁场中并不真正存在，只是为了形象地描绘磁场而人为地画出来的。

② 磁感线的疏和密描述了磁场的弱和强。

③ 磁感线上任一点的切线方向就是该点的磁场方向。

④ 任意两条磁感线都不相交。

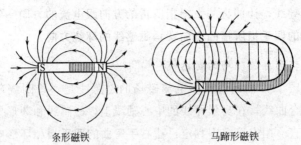

条形磁铁　　　　　　　　　马蹄形磁铁

图 11-2　磁铁的磁场

二、电流的磁场

自 1820 年奥斯特发现通电导线也能使小磁针发生偏转以后，人们认识到不仅在磁体周围存在磁场，在电流周围的空间也存在磁场。把电流周围产生磁场的现象叫做**电流的磁效应**。

电流周围产生的磁场方向有什么特点呢？也可像描绘磁体周围的磁场一样，用磁感线来描述。对此法国物理学家安培（1775～1836）进行了深入细致的研究，给出了判断电流周围磁场方向的方法，叫做**右手螺旋定则**，后人又称为**安培定则**。

1. 直线电流的磁场

如图 11-3 所示，直线电流的磁场的磁感线是一组以导线上各点为圆心的同心圆，这些同心圆都在跟导线垂直的平面上。电流方向改变，磁感线绕向也随之改变。用安培定则判定：用**右手**

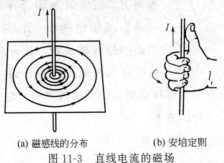

(a) 磁感线的分布　　　　(b) 安培定则

图 11-3　直线电流的磁场

·83·

握住直导线，让伸直的**大拇指**所指的方向跟电流的方向一致，那么弯曲的四手指所指的**方向**就是**磁感线的环绕方向**。

2. 环形电流磁场的磁感线

如图 11-4 所示，环形电流磁场的磁感线是一些围绕环形导线的闭合曲线，在环形导线的中心轴线上，磁感线和环形导线的平面垂直。用安培定则判定：**让右手弯曲的四手指和环形电流的方向一致，那么伸直的大拇指**所指的方向就是**环形导线中心轴线上磁感线的方向**。

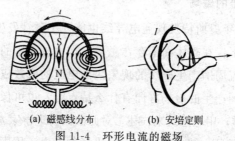

(a) 磁感线分布 　　　　(b) 安培定则

图 11-4　环形电流的磁场

3. 通电螺线管的磁场

如图 11-5 所示，通电螺线管的磁场与条形磁铁类似，它的

图 11-5　通电螺线
管的磁场

两端相当于条形磁铁的两极，其磁感线也与条形磁铁相似，外部从 N 极指向 S 极，内部的磁感线跟螺线管的轴线平行，方向由 S 极指向 N 极，并和外部磁感线连接形成**闭合曲线**。用安培定则判定：**用右手握住螺线管，让弯曲的四手指**所指的方向跟**电流方向一致**，那么伸直的大拇指所指的方向就是**螺线管内部磁感线方向**（也就是说，**大拇指指向通电螺线管的 N 极**）。

三、物质磁性的电本质

磁性的起源是什么呢？电流能产生磁场，导体中的电流又是由电荷运动形成的，可见，通电导线的磁场是由电荷运动产生的。磁铁和电流都产生磁场，通电螺线管的磁感线与条形磁铁的磁感线如此相似，这给人们以启示，磁铁的磁场是否也来源于电流呢？安培在实验的基础上，提出了著名的分子电流假说。他认为在原子、分子内部存在着环形电流，叫做**分子电流**。分子电流使每一个物质微粒都成为一个小磁体，它的两侧相当于两个磁极，这两个磁极是分子电流产生的。

安培的假说圆满地解释了各种磁现象。一根软铁棒没有磁性，是因为其内部分子电流的取向杂乱无章，它的磁性互相抵消的缘故，所以对外不显磁性。当铁棒受到外界磁场作用时，各分子电流的取向大致相同，故铁棒被磁化，具有了磁性，两端形成磁极，如图 11-6 所示。

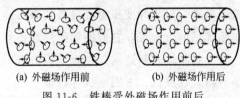

(a) 外磁场作用前   (b) 外磁场作用后

图 11-6 　铁棒受外磁场作用前后

磁铁受到高温或受到猛烈的敲击会失去磁性，这是因为在激烈的热运动或机械运动的影响下，分子电流的取向又变得杂乱了。

在安培所处的时代，人们对原子结构一无所知，所以只能是假设，直到 20 世纪初期，人类了解了原子内部的结构，才知道分子电流是由原子内部的电子的运动形成的，从而安培的分子电流假说也就成为真理了。

磁现象的电本质：**磁铁的磁场和电流的磁场一样，都是由电荷的运动产生的。**

科学假说的提出要有一定的实验基础和指导思想，也需要提出假说的科学家有超人的智力；假说是科学发展的形式。分子电流假说引导奥斯特发现了电流的磁效应，引导法拉第发现了电磁感应现象，最后引导麦克斯韦建立了统一的电磁场理论。

四、磁性材料

实验证明，任何物质在磁场的作用下都能够或多或少地被磁化，只是被磁化的程度有所不同。像铁那样能够被强烈磁化的物质叫**铁磁性材料**。磁化后的铁磁性材料，它们的磁性并不因外磁场的消失而完全消失，仍然剩余一部分磁性，这种现象叫做**剩磁**。

铁磁性材料按剩磁的情形可分为两种，一种如软铁、硅钢、镍铁合金等，它们剩磁弱而且容易消失，称为**软磁性材料**。这类材料适宜制造电磁铁、电机和变压器等设备的铁心。还有一种如钨钢、碳钢、铝镍钴的合金等，它们的剩磁强且不易消失，称为**硬磁性材料**。这类材料适宜制造永久性磁铁，被应用在磁电式仪表、话筒、扬声器、计算机、永磁电机等设备中。

磁性材料在工业自动化、电气化、计算机技术、信息雷达、导弹制导、电子对抗等国民经济和国防建设的各个领域中有着重要的应用。能源、通信、电子计算机、工业自动化等许多领域的发展都对磁性材料提出了更高的要求，研究开发新型磁性材料，将是一个很有价值的课题。

习　题

1. 什么是磁感线？磁感线和静电场中的电场线有什么显著的区别？

2. 图 11-7 是放在磁场中的小磁针。磁场方向如图中箭头所示。说明小磁针将怎样转动。

3. 图 11-8 中，当小磁针的 N 极向读者方向偏转时，导线中的电流方向是怎样的？

图 11-7　磁场中的小磁针

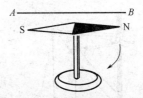

图 11-8　顺时针偏转的小磁
针旁导线电流方向

4. 环状线圈中通有图 11-9 中所示电流时，试问小磁针 N 极如何偏转？

5. 确定图 11-10 中电源的正负极。

图 11-9　通电的环状线圈

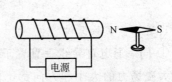

图 11-10　通电的线圈

6. 当螺线管通有如图 11-11 所示的电流时，试标出各小磁针的 N 极。

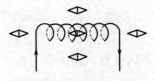

图 11-11　通电的螺线管

第二节　磁感强度和磁通量

为什么把小磁针放在一条形磁铁周围的不同位置，小磁针偏转的角度不一样呢？

磁场与电场一样，不但有方向，而且有强弱，用什么物理量来表示磁场的这一重要性质呢？

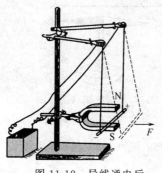

图 11-12　导线通电后
受到磁场力

一、磁感强度

利用类似图 11-12 的实验装置，可以研究电流在磁场中受力的大小。实验发现：当通电导线跟磁场方向平行时，磁场对导线的作用力最小，甚至为零；当导线方向与磁场方向垂直时，通电导线所受的力最大；当导线与磁场斜交时，通电导线所受的力介于零和最大值之间。

1.进一步实验探讨

① 同一通电直导线垂直置于磁场中的不同位置，它所受到的最大磁场力的大小和方向都不同，这说明磁场中各点的性质不同。

② 取不同的通电直导线置于磁场中的同一位置：导线所受磁场力与导线中通入的电流 I 及导线长度 L 成正比，而 F/IL 对同一位置来说是一个恒量，与置于磁场中的通电导线的 I、L 无关。

③ 在磁场中的不同位置，该比值一般不同；故该比值反映了磁场本身的性质，定义为一个新的物理量。

2.磁感强度的定义

在磁场中某处，垂直于磁场方向的通电导线受到的磁场力 F 跟电流强度 I 和导线长度 L 乘积 IL 的比，叫做磁场中该处的磁感强度，用"B"表示，即

$$B = \frac{F}{IL} \qquad (11\text{-}1)$$

磁感强度的单位是 **T**（**特斯拉，简称特**）。

3.磁感强度的矢量性

在磁场中某点的磁感强度的方向就是该点的磁场方向，即该点磁感线的切线方向。

值得注意的是：①磁感线形象地描述了一个区域内磁场的大致强弱和方向，而磁感强度能够准确地描绘磁场中各点的强弱和方向。②定义式中 I、L、F 分别为放入磁场中的通电导线中的电流大小、导线长度和所受磁力的大小，只是用 F/IL 来量度 B 的大小，而不决定 B，B 与 I、L、F 无关。③物理学中作了这样的规定，在磁场中某处，**穿过垂直于磁场方向的单位面积上的磁感线条数和该处的磁感强度的数值大小相等**。这样，不仅从磁感线的分布可以形象地了解磁场中各处磁感强度的方向，还可以根据它的疏密程度比较磁场中各处磁感强度的大小。

二、匀强磁场

如果在磁场的某一区域中，各点磁感强度的大小和方向都相同，这个区域的磁场叫**匀强磁场**。匀强磁场的磁感线是**疏密均匀，互相平行的直线**。距离很近的两个平行的异性磁极间的磁场，通电螺线管内部的磁场，除边缘部分外，都可认为是匀强磁场，如图 11-13 所示。

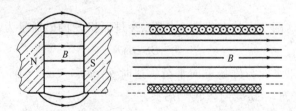

图 11-13　匀强磁场

三、磁通量

磁感强度描述的是磁场中某点的磁场强弱，但在电磁学和电工学里，经常用到**磁通量**的这一概念。什么是磁通量呢？

穿过磁场中某一面积的磁力线条数，就叫做穿过这个面的**磁通量**。简称**磁通**，用"Φ"表示。

设匀强磁场的磁感强度为 B，有一个与磁场方向垂直的平面面积为 S，如图 11-14 所示，则有

$$\Phi = BS \qquad (11\text{-}2)$$

若平面 S 与磁场方向不垂直时，如图 11-15 所示，穿过面积 S 的磁感线条数等于穿过该面在垂直于磁场方向的投影面 S' 的条数。

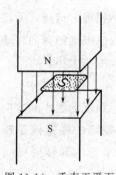

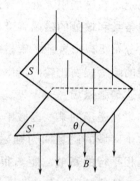

图 11-14　垂直于平面
的匀强磁场

图 11-15　匀强磁场与平
面成夹角 θ

设这两个面的夹角为 θ，那么穿过面积 S 的磁通量为

$$\Phi = BS\cos\theta \qquad (11\text{-}3)$$

如果平面与磁场方向平行，这时 $\theta = 90°$，$\cos\theta = 0$，$\Phi = 0$；当 $\theta = 0°$ 时，$\cos\theta = 1$，$\Phi = BS$。

磁通量的单位是 Wb（韦伯）。在磁感强度是 1T 的匀强磁场中，穿过跟磁场方向垂直的面积是 1m^2 的平面的磁通量就是 1Wb。

由 $\Phi = BS$ 可得 $B = \Phi / S$，这样磁感强度 B 的大小就等于单位面积上的磁通量，因此磁感强度也叫**磁通密度**。

中国古代对磁的记载

我国是对磁现象认识最早的国家之一。东汉高诱在《吕氏春秋注》中记载："石，铁之母也。以有慈石，故能引其子。石之不慈者，亦不能引也"。东汉以前的古籍一般将磁写作慈。《史记·封禅书》写汉武帝命方士栾大用磁石做成的棋子"自相触击"；《水经注》和《三辅黄图》有秦始皇用磁石建造阿房宫北阙门，"有隐甲怀刃入门"者就会被查出的记载。《晋书·马隆传》中写有马隆在一次战役中，命士兵将大批磁石堆垒在一条狭窄的小路上，身穿铁甲的敌军个个都被磁石吸住，而马隆的兵将身穿犀甲，行动如常。敌军以为马隆的兵是神兵，故而大败。

《史记》中有用"五石散"内服治病的记载。磁石就是五石之一。晋代有用磁石吸出体内铁针的病案。到了宋代，有人把磁石放在耳内，口含铁块，因而治愈耳聋。

磁石只能吸铁，却不能吸金、银、铜等金属，也早为我国古人所知。《淮南子》中记载有"慈石能吸铁，及其于铜则不通矣"、"慈石之能连铁也，而求其引瓦，则难矣"。

宋代的《萍洲可谈》记有指南针用于航海的记录："舟师识地理，夜则观星，昼则观日，阴晦观指南针"。此后关于指南针的记载极丰。正是有了指南针，明代郑和才得以远航。

习　题

1. 选择与填空题

(1) 有关磁感应强度 B 的方向说法正确的是（　　）。

    A. B 的方向就是小磁针 N 极所指的方向

    B. B 的方向与小磁针 N 极的受力方向一致

    C. B 的方向就是通电导线的受力方向

    D. B 的方向垂直于该处磁场的方向

(2) 磁通量的计算公式 $\phi = BS$ 的适用条件是（　　）。

    A. 匀强磁场，任意曲面

    B. 匀强磁场，跟磁场方向垂直的任意平面

C. 任意磁场，任意曲面

D. 任意磁场，跟磁场方向垂直的任意平面

(3) 关于磁通量的概念，以下说法正确的是（　　）。

A. 磁感应强度越大，穿过闭合回路的磁通量也越大

B. 磁感应强度越大，线圈面积越大，穿过闭合回路的磁通量越大

C. 穿过线圈的磁通量为零时，磁感应强度不一定为零

D. 磁通量发生变化时，磁通密度也一定发生变化

(4) 下列关于磁感线的描述正确的是（　　）。

A. 沿磁感线方向磁场越来越强

B. 磁感线是自由小磁针在磁场力作用下运动的轨迹

C. 磁感线不是磁场中实际存在的线

D. 磁感线的疏密反映磁场的强弱

2. 关于磁感强度，下列说法哪些是正确的？

① 磁感强度的大小反映了磁场的强弱

② 磁感强度是描述磁场的强弱和方向的物理量

③ 磁感强度的大小等于单位面积内穿过的磁通量

3. 在一匀强磁场中，与磁场方向垂直放置一根长为 20cm 的直导线，导线中电流强度为 1.5A，受到的磁场力是 3.0×10^{-2}N，求该处的磁感强度。

4. 在一个磁感强度为 2.0×10^{-2}T 的匀强磁场中，放一个面积是 $0.5m^2$ 的矩形线圈，已知线圈平面从与磁场方向垂直位置转到与磁场方向平行位置，求它在两个位置的磁通量分别为多少？磁通量变化了多少？

第三节　磁场对通电直导线的作用力

一、安培定律

下面先做如图 11-12 的实验，从实验证实了通电导线在磁场中会受到力的作用。

（1）安培力　磁场对电流的作用力叫做**磁场力**，又叫做**安培力**。

（2）安培力的方向　对图 11-12 的实验进一步研究发现：安培力的方向与电流方向、磁场方向均有关。三者之间的关系可用**左手定则**表示。

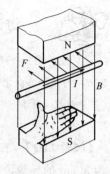

图 11-16　左手定则

伸开左手，使大拇指跟其他四个手指垂直，并且都跟手掌在同一个平面内，让磁感线垂直进入手心，并使四手指指向电流方向，则大拇指所指的方向就是通电导线在磁场中所受安培力的方向，如图 11-16 所示。

（3）安培力的大小　把长度为 L、通电电流为 I 的直导线垂直放于磁感强度为 B 的匀强磁场中，由磁感强度的定义式 $B = F/IL$ 有

$$F = BIL \qquad (11\text{-}4)$$

式中各物理量的单位分别是 N、T、A、m（牛、特、安、米）。

在匀强磁场中，当导体方向跟磁场方向垂直时，通电导线受到的磁场力的大小等于导线中的电流、导线的长度、磁感强度的乘积，这就是**安培定律**。

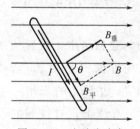

图 11-17　电流方向与
磁场方向成 θ 角

如果电流方向、磁场方向斜交时（如图 11-17 所示）设在磁感强度为 B 的匀强磁场中，电流方向与磁场方向间的夹角为 θ，可将 B 分解为垂直和平行于电流方向的两个分量。即 $B_{平} = B\cos\theta$；$B_{垂} = B\sin\theta$。当电流方向与磁场方向平行时，没有磁场力作用，故磁场对通电导线的作用力就是垂直分量对导线产生的作用力。

于是

$$F = ILB\sin\theta \qquad (11\text{-}5)$$

讨论：

由式（11-5）可看出，安培力的大小与 B、I、L 各量的大小和电流方向与磁场方向之间的夹角有关。当 $\theta = 90°$ 时，$\sin\theta = 1$，安培力最大，$F = ILB$；当 $\theta = 0°$ 时，$\sin\theta = 0$，安培力最小，等于零，与实验结果相符。

【例题 11-1】 在磁感强度为 0.50T 的匀强磁场中，有一段长为 30cm 的导线，直导线中有 2.0A 的电流通过，当直导线与磁场方向垂直时，直导线所受安培力为多少？

解 直导线与磁场方向垂直，故可直接用 $F = ILB$ 求解。

已知 $B = 0.50T$，$L = 30cm = 0.30m$，$I = 2.0A$

求 $F = ?$

$F = ILB = 2.0 \times 0.30 \times 0.50 = 0.30N$

答：该直导线在磁场中受安培力为 0.30N。

*二、磁场对通电矩形线圈的作用力——磁力矩

把一个通电矩形线圈放在磁场中，它会受到磁力矩的作用而偏转。这是为什么呢？

如图 11-18 所示，在磁感强度为 B 的匀强磁场中，放置一通电单匝矩形线圈 $abcd$，线圈平面与磁场方向夹角为 θ。若 $ab = cd = L_1$，$bc = da = L_2$，线圈的 bc 和 da 边所受的安培力 F_{bc} 和 F_{da} 大小相等，方向相反，且在同一直线上，对线圈的合力为零。ab 和 cd 两条边与磁场方向垂直，它们所受安培力虽也大小相等，方向相反，但不在同一直线上，故产生了相同方向的力矩 M_{ab} 和 M_{cd}，它们的合力矩 M 可使线圈绕轴 OO' 发生转动。

由
$$F_{ab} = IL_1B$$
$$F_{cd} = IL_1B$$

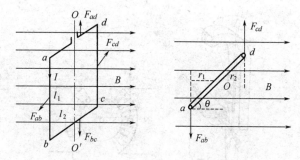

图 11-18　通电矩形线圈受到磁力矩作用

则　　　$M_{ab}=\dfrac{F_{ab}L_2\cos\theta}{2}=\dfrac{IL_1BL_2\cos\theta}{2}=\dfrac{ISB\cos\theta}{2}$

同理　$M_{cd}=\dfrac{ISB\cos\theta}{2}$

$M=M_{ab}+M_{cd}=ISB\cos\theta$

其中 S 为线圈的面积。如果有 N 匝线圈，所受磁力矩为

$$M=NISB\cos\theta \qquad\qquad （11-6）$$

由式（11-6）可知，当线圈平面跟磁场方向平行时（$\theta=0°$ 或 $180°$），线圈所受磁力矩最大；而当线圈平面与磁场方向垂直时（$\theta=90°$），线圈受磁力矩为零。

*三、磁电式仪表的工作原理

下面以电流计为例。电流计是测定电流强弱和方向的电学仪器。如图 11-19 所示，在一个很强的蹄形磁铁的两极间有一个固定的圆柱形铁心，铁心外面套有一个可以绕轴转动的铝框，铝框上绕有线圈，铝框的转轴上装有两个螺旋弹簧和一个指针，线圈的两端分别接在这两个螺旋弹簧上，被测电流就是经过这两个弹簧流入线圈的。

当电流通过螺旋弹簧而流过线圈的时候，线圈上跟铁柱轴线平行的两边都要受到安培力作用，从而产生磁力矩 M 使线圈转

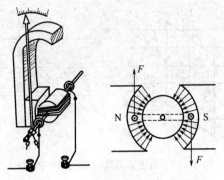

图 11-19　磁电式电流计

动。铝框及指针在 M 作用下转动，螺旋弹簧也被扭动，产生一个阻碍线圈转动的力矩 M'。M' 随线圈转动角度的增大而增大，当 M' 增大到同 M 产生的作用相抵消时，线圈停止转动。

由于磁场对电流的作用力跟电流成正比（$M = NISB\cos\theta$），因而线圈中的电流越大，磁场对线圈产生的磁力矩 M 也越大，线圈和指针偏转的角度也越大。因此，根据指针偏转角度的大小，可以知道被测电流的强弱。

当线圈中的电流方向改变时，使线圈转动的力矩方向随着改变，指针的偏转方向也随着改变。所以，根据指针的偏转方向，可测出被测电流的方向。

磁电式仪表的优点是灵敏度高，可以测出很弱的电流；缺点是绕制线圈的导线很细，允许通过的电流很弱（几十 μA 到几 mA），如果通过的电流超过允许值，很容易被烧坏。这一点在使用时一定要注意。

回顾第十章的知识，如何采用并联或串联电阻的方法来扩大电表的量程？

直流电动机的工作原理也是基于通电线圈在磁场中受磁力矩作用而转动，这一点在电工学中有详细介绍。

磁悬浮列车简介

磁悬浮列车将磁铁"同性相斥，异性相吸"的性质运用在列车上，使列车完全脱离轨道而悬浮行驶，成为"无轮"列车。我国上海建成的磁悬浮列车示范线采用的是德国技术，列车运行时与轨道完全不接触，列车的悬浮、驱动和制动都是利用电磁力来实现的，利用导向电磁铁进行列车沿线路两侧的定位，列车与轨道间约有 10mm 的间隙。列车通过长定子同步直线电机来驱动和制动。直线电机安装在线路两侧的下面，其定子线圈中的电流产生运动磁场，在这个运动磁场的作用下列车往前运行。上海磁悬浮列车线路最大转弯半径 8000m，最小半径达到 1300m，保证列车高速行驶平稳。

由于磁悬浮列车在行驶中处于悬浮状态，列车在启动和停止行驶时乘客会感觉到车身有提升与下降，但由于设计制造精度极高，控制系统很完善，这种感觉很轻微，乘客不会有不适感。

习　题

1. 关于垂直于磁场方向的通电直导线所受安培力的方向，下列说法正确的是（　　）。

　　A. 跟磁场方向垂直，跟电流方向平行

　　B. 跟电流方向垂直，跟磁场方向平行

　　C. 既跟磁场方向垂直，又跟电流方向垂直

　　D. 既不跟磁场方向垂直，也不跟电流方向垂直

2. 如图 11-20 所示，一根通电导线放在匀强磁场中，导线与磁场方向垂直，分别标出了电流、磁感强度和安培力三个物理量中的两个方向，试标出第三个物理量的方向。

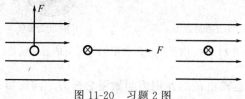

图 11-20　习题 2 图

3. 在磁感强度为 1.5T 的匀强磁场中，垂直放置长为 30cm 的直导线，导线通有 2.0A 电流，导线所受安培力是多大？当直导线与磁场方向平行时，导线受力又为多大？

4. 一个长为 10cm，宽为 20cm，通有 3A 电流的长方形线圈，放在磁感强度为 1.5T 的匀强磁场中，磁场方向与线圈平面平行，求线圈在该位置时受到的磁力矩大小为多少？

第四节　磁场对运动电荷的作用力

上一节讨论了磁场对电流有作用力。由于电流是电荷定向运动形成的，于是可以设想：磁场力是否是直接作用在运动电荷上的，而作用在通电导线上的安培力只不过是作用在运动电荷上的力的宏观表现？

一、磁场对运动电荷的作用力——洛仑兹力

用如图 11-21 所示的阴极电子射线管实验检验了上述想法：从阴极射出的电子束在阴极和阳极间的强电场作用下，投射到荧光屏上激发出荧光。借助荧光屏，可观察到加和不加外磁场时电子束的运动轨迹，发现电子束在外加磁场作用下的运动轨迹发生了弯曲，阴极射线是阴极发出的电子流，可见运动电荷确实受到了磁场的作用力。

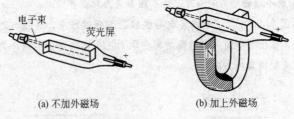

(a) 不加外磁场　　　　　　(b) 加上外磁场

图 11-21　电子束在两种不同情况下的运动轨迹

磁场对运动电荷的作用力叫做**洛仑兹力**。同安培力一样，**洛仑兹力的方向**也可用左手定则来判定，值得注意的是四手指指向

正电荷运动方向（因为物理学中规定电流方向与正电荷运动方向相同），则拇指的指向是正电荷所受洛仑兹力的方向；若四手指指向**负电荷运动**的**反向**，则拇指指向**负电荷**所受洛仑兹力的方向。

洛仑兹力的方向与电荷运动方向垂直，所以洛仑兹力总是不做功，它只改变速度方向，不改变速度大小。

洛仑兹力的大小可用磁场对电流的作用力来推导，安培力看成是这段导线中运动的所有电荷所受洛仑兹力的总和。如图 11-22 中，设在磁感强度为 B 的匀强磁场中有一段长度为 L 的通电导线，导线中均匀分布着定向移动速度 v 相同的带电粒子 n 个，其中每个粒子的所带电量为 q，若在时间 t 内，n 个粒子全部通过导体横截

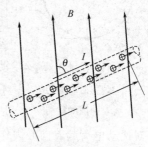

图 11-22　由安培力推
导出洛仑兹力

面积，则导体中的电流强度为 $I = nq/t$，而 $t = L/v$，故 $I = nqv/L$；若电流方向与磁场方向的夹角为 θ，由安培定律 $F = ILB\sin\theta$ 有 $F = (nqv/L)LB\sin\theta$，而 F 是 n 个带电粒子共受到的力，故每个带电粒子受到的力为

$$f = qvB\sin\theta \qquad (11\text{-}7)$$

式中 f、q、v、B、θ 分别是电荷所受洛仑兹力、带电粒子的电量、粒子在磁场中的运动速度、匀强磁场的磁感强度及运动速度与磁场方向的夹角。其单位也分别用 N、C、m/s、T 表示。

当 $\theta = 0°$ 或 $180°$（即电荷运动方向跟磁场方向在同一直线上）时，$f = 0$，电荷不受力；当 $\theta = 90°$（即电荷运动方向与磁场方向垂直）时，$f = qvB$，电荷受到的洛仑兹力最大。

可以说洛仑兹力是安培力的微观本质，而安培力则是洛仑兹力的宏观体现，二者本质相同，都是磁场力。

二、带电粒子在磁场中的匀速圆周运动

下面研究带电粒子垂直进入匀强磁场的情况。

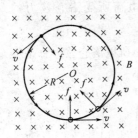

图 11-23 带电粒子在
匀强磁场中的匀
速圆周运动

如图 11-23 所示，设有一个电量为 q 的带电粒子以初速 v 垂直进入磁感强度为 B 的匀强磁场中，由于 $\theta = 90°$，带电粒子所受洛仑兹力 $f = qvB$。无论运动到任何位置，洛仑兹力的方向总是与粒子运动方向垂直。因此它只改变粒子的运动方向，不改变粒子的速度大小。若粒子只受洛仑兹力作用，则粒子的速度 v 是恒定的，这时洛仑兹力大小不变，它对运动电荷起着向心力作用，故带电粒子的运动一定是匀速圆周运动。

若粒子质量为 m，则 $f = qvB = mv^2/R$

则其轨道半径为
$$R = \frac{mv}{qB} \tag{11-8}$$

对一个给定粒子和给定的磁场来说，m、q 和 B 均为恒量，R 与速度 v 成正比，v 越大，R 也越大。

把上式代入匀速圆周运动的周期公式中，得

$$T = \frac{2\pi R}{v} = \frac{2\pi m}{qB} \tag{11-9}$$

上式中不含 v 及 R，表明 m 和 q 相同的带电粒子在匀强磁场中做匀速圆周运动时，其周期与粒子的速度和圆的半径无关。且由半径公式得知，半径随速度的变化而变化，但它们的运动周期却相同，这是一个重要的结论，回旋加速器就是据此原理制成的。

【例题 11-2】 一个质子（$m = 1.67 \times 10^{-27}$ kg，$q = 1.60 \times 10^{-19}$ C）以 5.0×10^5 m/s 的速度垂直进入一匀强磁场，已知匀

强磁场的磁感强度为 0.20T，求质子在该磁场中运动的轨道半径。

解 质子垂直进入匀强磁场，在所受洛仑兹力作用下将做匀速圆周运动。

$$已知 v = 5.0 \times 10^5 \text{m/s} \quad B = 0.20\text{T}$$
$$m = 1.67 \times 10^{-27} \text{kg} \quad q = 1.60 \times 10^{-19} \text{C}$$

求 $R = ?$

由半径公式得质子在磁场中做匀速圆周运动的轨道半径为

$$R = \frac{mv}{qB} = \frac{1.67 \times 10^{-27} \times 5.0 \times 10^5}{1.60 \times 10^{-19} \times 0.20} = 2.6 \times 10^{-2} = 2.6\text{cm}。$$

答 质子运动的轨道半径为 2.6cm。

*三、磁偏转的应用

利用带电粒子在磁场中运动时受到洛仑兹力作用而发生偏转的原理，可以制造示波器、显像管、质谱仪和磁流体发电机、回旋加速器等。

1. 质谱仪

在对物质微粒进行研究时，如何测定未知粒子的荷质比（电荷量与质量的比）呢？19 世纪，英国物理学家汤姆生（1856～1940）利用电场和磁场设计了一种测量粒子荷质比的仪器，后来人们称其为质谱仪。质谱仪由速度选择器和偏转磁场两部分组成，其结构原理图如图 11-24 所示。速度选择器是互相垂直的一个匀强电场和匀强磁场组成，适当调节电场强度和磁感强度大小，使得某种电性的粒子所受电场力（$f = qE$）与所受洛仑兹力（$f = qvB$）大小相等，方向相反，这样只有速度满足（$v =$

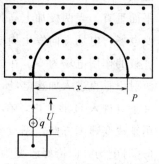

图 11-24　速度选择器原理图

E/B）的粒子才能以原速度方向顺利通过速度选择器，这样根据场强 E 和磁感强度 B 可测定通过速度选择器的粒子速度。经过速度选择器的粒子恰好垂直射入一个磁感强度为 B' 的匀强磁场中，粒子在磁场 B' 中运动半周刚好击在感光纸或摄谱仪上，这样可测定粒子在磁场 B' 中做圆周运动的半径，而 $r = mv/q$ B'，又 $v = E/B$，于是可测出荷质比 $\dfrac{q}{m} = \dfrac{E}{rBB'}$。

利用上述类似方法，汤姆生发现了电子。质谱仪在对物质结构的研究中有极其重要的作用。

2. 回旋加速器

在研究原子核结构时，要使原子核发生核反应，往往需要用几 MeV 或几十 MeV 甚至几百 MeV 能量的带电粒子来轰击原子核。前面学习了可用电场给带电粒子加速，由 $\dfrac{mv_2^2}{2} - \dfrac{mv_1^2}{2} = qU$ 知，要使粒子获得较大速度，会受到加速电场电压的限制。如何解决这一矛盾呢？下面介绍一种巧妙地利用了带电粒子在电场和磁场中运动特点的装置——回旋加速器。

如图 11-25 是回旋加速器的结构示意图。两个金属半圆盒 D_1 和 D_2 作为电极，放在真空的容器中，然后将它们一起置于电磁铁所产生的强大的匀强磁场中。磁场方向和半圆盒 D_1 和 D_2 平面垂直。当两极加上高频交变电压，则在两极间产生了高频交变电场，电场方向发生周期性的变化。而在金属盒内部由于静电屏蔽的作用电场为零。在缝隙中心附近有一离子源，离子从离子源射出垂直进入加速电场，如图 11-26 所示，经电场一次加速后又垂直进入 D 形盒内，在匀强磁场中做匀速圆周运动半周（只用来改变速度方向，不改变速度大小），再次垂直进入电场加速（这时电场方向恰好改变为速度方向相同），经过电场第二次加速后，又进入 D 形盒内做圆周运动……由于粒子在匀强磁场中做

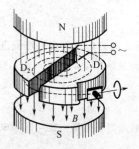

图 11-25　回旋加速器示意图

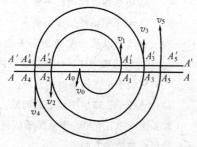

图 11-26　带电粒子反复加速

圆周运动的周期（$T = 2\pi m / qB$）与速度大小无关，故粒子每次在磁场中运动的时间不变，当两极间交变电场方向变化的周期与粒子在 D 形盒内做圆周运动周期相同，粒子每次经过电场都被加速一次，这样经过反复加速，粒子的能量就越来越大，最后获得的高能粒子从回旋加速器的边缘引出即可。

 请思考：

回旋加速器中的磁场和电场分别起什么作用？

习　　题

1. 选择题

(1) 带电量为 $+q$ 的粒子，在匀强磁场中运动，下面说法正确的是（　　）。

　　A. 只要速度大小相同，所受的洛伦兹力就相同

　　B. 如果把 $+q$ 改为 $-q$，且速度反向大小不变，则所受的洛伦兹力大小，方向均不变

　　C. 只要带电粒子在磁场中运动，就一定受洛伦兹力作用

　　D. 带电粒子受洛伦兹力小，则该磁场的磁感应强度小

(2) 电子以初速度 V 垂直进入磁感应强度为 B 的匀强磁场中，则（　　）。

　　A. 磁场对电子的作用力始终不变

　　B. 磁场对电子的作用力始终不做功

C. 电子的速度始终不变

D. 电子的动能始终不变

2. 一个质子以某一初速度沿着与磁场垂直的方向进入磁感应强度为 $B = 0.2T$ 的匀强磁场中，作圆周运动的半径为 $R = 2.6cm$。

(1) 求粒子进入磁场时的速率。

(2) 求粒子在磁场中运动的周期。

3. 如图 11-27 所示，带电粒子以速度 v 射入匀强磁场，试判断带电粒子所受洛仑兹力的方向。

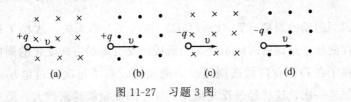

图 11-27　习题 3 图

4. 电子 (电量 $e = 1.6 \times 10^{-19}C$，$m_e = 0.91 \times 10^{-30}kg$) 的速度 $v = 2.0 \times 10^5 m/s$，垂直射入磁感强度为 $B = 0.50T$ 的匀强磁场中，它受到洛仑兹力是多少？做匀速圆周运动的周期半径各是多少？

图 11-28　习题 5 图

5. 有一个电子从 A 点垂直射入匀强磁场中，其速度 v 是 $2 \times 10^7 m/s$，若其运动轨迹如图 11-28 所示，已知 AB 为 10cm，请判断磁场方向和计算出磁感强度大小。

磁流体发电机

目前世界上最先进的发电机叫磁流体发电机。如图 11-29 所示的是磁流体发电机的原理图。它通过高温加热把气体变成高浓度的正负离子状态，然后使其高速通过强磁场，磁场方向与气流方向垂直。因为正负离子在磁场中受到洛仑兹力方向相反，所以它们向相反的方向偏转，到达横向放置的两个极板上，使两极板间形成电势差即电压，用导线将电压接入电路就可以向外输送电流。

磁流体发电是直接把热能转化为电能的一种发电方式。它的最大好处是大大地提高了发电效率，直接获得直流电。磁流体发电系统没有普通发

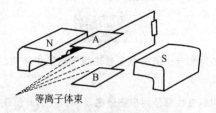

等离子体束

图 11-29　磁流体发电机原理

电机的高速运转部分，因而具有结构简单、体积小的优点。此外，与火力发电系统相比，它造成的环境污染小，启停迅速（从点火到发电仅需几十秒时间）也是它的一个显著特点。磁流体发电是一种很有前途的崭新的能源利用形式。

本章小结

知 识 点	公式表达形式	适 用 范 围	了解或掌握
磁场方向和磁感线			掌握
安培定则(右手螺旋定则)		判断通电导线周围的磁感线绕向	掌握
磁现象的电本质和磁性材料			了解
磁感强度	$B=\dfrac{F}{IL}$	一小段通电直导线垂直放入匀强磁场	掌握
磁通量	$\Phi=BS$	线圈平面与匀强磁场方向垂直时	掌握
左手定则		判断安培力的方向	掌握
安培定律	$F=ILB$	通电直导线垂直放入匀强磁场	掌握
*磁力矩	$M=NBIS\cos\theta$	通电平面线圈在匀强磁场中	了解
洛仑兹力	$f=qvB$	带电粒子垂直进入匀强磁场中	掌握
带电粒子在匀强磁场中做匀速圆周运动	$R=\dfrac{mv}{qB}$ $T=\dfrac{2\pi m}{qB}$	带电粒子垂直进入匀强磁场中	了解

1. 怎样知道磁体和电流周围存在着磁场？磁场中某点的磁场方向是怎样规定的？

2. 磁感强度和磁感线都是用来描述磁场的，它们有何联系？

3. 磁感强度和磁通量间有什么关系？

4. 右手螺旋定则和左手定则有什么不同？

5. 什么是安培力和洛仑兹力？安培力和洛仑兹力之间有什么关系？

6. 在磁感强度为 0.5T 的匀强磁场中，有一根长为 1.5m，通有 2A 的直流导线。当这根通电导线与磁场垂直和平行时，求直导线所受安培力各为多少？

7. 如图 11-30 所示，通电矩形线框 abcd 放在通电长直导线的近旁，线圈与导线在同一平面内，ab 边与导线平行，试分析线框各边受力情况，并判断线框如何运动？

8. 如图 11-31 所示，有一根金属导线长为 0.49m，质量为 0.01kg，用两根弹簧悬挂在磁感强度为 0.4T 的匀强磁场中。要使弹簧不伸长，金属导线中应通有多大的电流？方向如何？

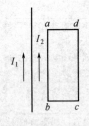

图 11-30　复习题 7 图

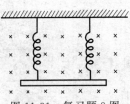

图 11-31　复习题 8 图

第十二章　电磁感应

学习指南

　　本章从电磁感应现象出发研究电磁感应的规律——电磁感应定律，研究互感和自感，并介绍正弦交流电和电磁场的基本理论，无线电波发射和接收的基本原理。

第一节　电磁感应现象

　　从第十一章已知道电流周围会产生磁场，反过来磁场是不是也能产生电流呢？当时很多物理学家开始探索这个问题。英国物理学家法拉第经过十年坚持不懈的研究，终于在 1831 年发现了由变化的磁场可以在闭合电路中产生电流。这一发现，进一步揭示了电与磁的内在联系，为发电机的构造，电能在生产和生活中的广泛应用开辟了道路。下面先来讨论"磁"场怎样产生"电"流？

　　产生感生电流的条件　如图 12-1 实验一，闭合电路中导线 ab 向左、右运动时，电流计指针偏转，说明回路中产生了电流。导线 ab 静止或做上下运动时，电流计指针没有偏转，电路中没有电流。分析得知：前者是 ab 导线切割了磁感线；后者不切割磁感线。进一步分析：穿过闭合电路的磁通量发生了变化（$\Phi = BS\cos\theta$，B、θ 不变，而 $S\uparrow$ 或 $\downarrow$），所以闭合回路中产生了电流。

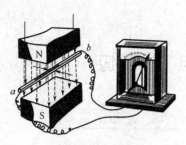

图 12-1　实验一

图 12-2　实验二

再如图 12-2 实验二，把磁铁插入闭合电路中的线圈，或把磁铁从线圈中抽出时，电流计指针发生偏转，说明闭合电路中有了电流；如果磁铁插入线圈后静止不动或磁铁与线圈以同一速度运动，闭合电路中没有电流产生。分析知道：当磁铁插入或抽出线圈时，穿过线圈中的磁通量发生了变化（$\Phi = BS\cos\theta$，S、θ 不变，而 $B\uparrow$ 或 $\downarrow$），所以线圈回路中产生了电流。

又如图 12-3 实验三，把线圈 a 跟蓄电池连接成闭合回路，线圈 b 与电流计连成闭合回路，即线圈 a（原线圈）置入线圈 b（副线圈）中。当接通或断开原线圈回路中电键时，电流计指针左右偏转，说明副线圈回路中产生了电流。若在原线圈回路中加一滑线变阻器，当移动滑线变阻器的触头改变原线圈中的电流时，发现副线圈回路中也产生了电流；而当原线圈中电流不变

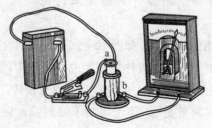

图 12-3　实验三

时，副线圈中也就没有电流产生。分析可知：由于使 a 线圈中通、断电或改变 a 中电流时，都使通过 b 线圈的磁感强度 B 发生变化，则通过 b 线圈的磁通量 Φ 也发生了变化，所以在 b 线圈的回路中产生了电流。

归纳以上实验结论得出：只要穿过**闭合回路**中的**磁通量发生变化**，闭合电路中就有电流产生。利用磁场产生电流的现象叫**电磁感应现象**；所产生的电流叫**感应电流**。

从实验中发现，闭合回路中产生的感应电流是有方向的，且与导线的运动方向、磁场方向，与磁场或磁通量的变化有关。但是这是一种什么关系？应该怎样确定感应电流的方向呢？下面介绍两种方法。

一、右手定则

在如图 12-1 的实验中，当导线 ab 向左或向右运动时，电流表指针的偏转方向不同，这表明感应电流的方向跟导体运动的方向有关系。如果保持导体运动的方向不变，而把两个磁极对调过来，即改变磁感线的方向，可以看到，感应电流的方向也改变。可见，感应电流的方向跟导体运动的方向和磁感线的方向都有关系。感应电流的方向可以用**右手定则**来判定：**闭合回路中一部分导线作切割磁感线运动时，伸开右手，使大拇指与其余四个手指垂直，并且都跟手掌在同一平面内，把右手放入磁场中，让磁感线垂直穿入手心，大拇指指向导线运动的方向，那么其余四指所指方向就是感应电流的方向**，如图 12-4 所示。

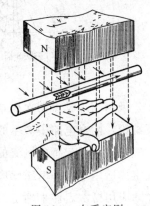

图 12-4　右手定则

*二、楞次定律

在如图 12-5 的实验中，将磁铁 N 极插入线圈或从线圈中拔出时，电流计指针的偏转方向相反；如果将磁铁的 S 极插入或拔出，指针偏转方向也相反。那么感应电流的方向有什么规律呢？

从寻找磁铁的磁场和感应电流产生的磁场之间的关系入手研究。分析如图 12-5 的实验结论，当磁铁 N 极插入或抽出线圈使磁通量增加或减少时，线圈中产生的感应电流的磁场方向（虚线表示）与磁铁穿过线圈的磁场方向（实线表示）相反或相同，阻碍磁通量的增加或减少。即得出感应电流的磁场方向是阻碍引起感应电流的磁通的变化的。

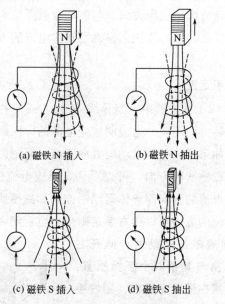

(a) 磁铁 N 插入　　　　　(b) 磁铁 N 抽出

(c) 磁铁 S 插入　　　　　(d) 磁铁 S 抽出

图 12-5　楞次定律

俄国物理学家楞次概括了各种实验结果，于 1834 年得出如下结论：闭合电路中产生的感应电流的方向，总是要使它所产生的磁场阻碍引起感应电流的磁通量的**变化**，这就叫**楞次定律**。楞次定律适用于各种电磁感应现象，是一个具有普遍意义的定律。

应用楞次定律来确定感应电流方向的步骤如下：①确定原来

的磁场方向以及穿过线圈的原磁通量的变化是增加还是减少；②根据楞次定律确定感应电流的磁场方向 [$\Phi_{原}$↑，$\boldsymbol{B}_{感}$ 与 $\boldsymbol{B}_{原}$ 反向如图 12-5（a）与（c）所示；$\Phi_{原}$↓，$\boldsymbol{B}_{感}$ 与 $\boldsymbol{B}_{原}$ 同向如图 12-5（b）与（d）所示]；③由安培定则确定感应电流的方向。用楞次定律判断磁铁 S 极插入与抽出线圈时感应电流的方向（如图 12-5 所示），然后用实验验证，其结果是正确的。

电磁感应现象中，闭合回路中产生了 $I_{感}$，这电能怎样来的？分析磁铁插入和抽出过程，磁铁和线圈发生了相对运动，必须克服斥力或引力做功而消耗了其他形式的能量，转化为电能。所以，楞次定律是能量转换和守恒定律在电磁感应现象中的体现。

【**例题 12-1**】 如图 12-6 所示，$abcd$ 是一个金属框架，cd 是可动边，框架平面与磁场垂直。当 cd 边向右运动时，分别用右手定则和楞次定律来确定 cd 中的感应电流方向。

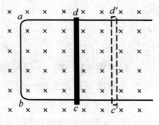

图 12-6 例题 12-1 图

解 当 cd 边在框架上向右切割磁感线运动时，用右手定则判定感应电流方向是由 c 指向 d。同样，当 cd 边向右运动时，穿过 $abcd$ 回路的磁通量增加，根据楞次定律，感应电流产生的磁场将阻碍原来磁通量的增加，所以它的方向与原磁场方向相反，即垂直纸面向外，又根据安培定则可得，感应电流的方向是由 c 指向 d。可见，用两种方法判断感应电流的方向是一致的。

可见用楞次定律来判断的感应电流的方向和用右手定则来判定的结果一致。右手定则可以看作是楞次定律的特殊情况。不过当闭合回路的一段导线切割磁感线而产生感应电流时，用右手定则来判断比用楞次定律方便。

1. 如图 12-7 表示在匀强磁场中有一个闭合的弹簧线圈。当图 12-7（a）中人的双手离开后，线圈收缩如图 12-7（b），这时线圈中是否会产生感应电流？为什么？

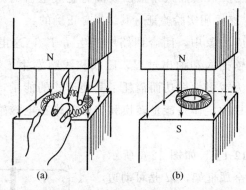

(a)　　　　　　　　(b)

图 12-7　习题 1 图

2. 如图 12-8 中，一矩形线圈在匀强磁场中，线圈平面与磁感线平行。确定线圈按下列方式运动时，有无感应电流？为什么？

① 线圈向右运动；

② 线圈向外运动；

③ 以 ab 为轴转动；

④ 以 bc 为轴转动。

3. 如图 12-9 所示的匀强磁场中，mn 是闭合电路的一段直导线，当 mn 向左运动时，导体中的感应电流方向怎样？

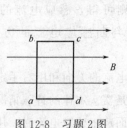

图 12-8　习题 2 图

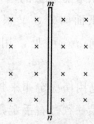

图 12-9　匀强磁场

中 mn 导线

4. 如图 12-10 中标出了导体运动方向、磁场方向和感应电流方向中的两个方向，试用右手定则判定出第三个物理量的方向？

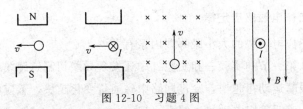

图 12-10　习题 4 图

5. 如图 12-11 所示，把磁铁的 N 极接近金属环或从金属环移开时，试用楞次定律确定金属环中感应电流的方向。

6. 如图 12-12 所示，a、b 都是很轻的铝环，其中 a 环闭合，b 环断开。用磁铁的任一极分别向 a、b 插入和抽出时，各会发生什么现象？为什么？

图 12-11　磁铁接近或移开金属环　　　图 12-12　习题 6 图

第二节　电磁感应定律

一、感应电动势

由于电磁感应现象中闭合电路中产生了电流，根据电学知识可以知道，这个闭合电路中必须有电动势（电源）存在。这种由电磁感应产生的电动势，称为**感应电动势**。

在电磁感应现象中，回路中的感应电流是由感应电动势引起的，产生感应电流的那部分导体（如切割磁感线的导体、磁通量发生变化的线圈）就相当于电源。当电路闭合时，形成感应电流。若电路断开，则只有感应产生的电动势而没有感应电流。感应电动势的方向与假设回路闭合时的感应电流的方向一致，仍然用楞次定律或右手定则判定。

二、电磁感应定律

感应电动势的大小跟哪些因素有关？

从第一节的实验一和实验二中还发现导线切割磁感线或磁铁相对线圈运动得越快，穿过回路中磁通量变化越快，感应电流就越大，表明感应电动势也越大。

磁通量的变化快慢，可用磁通量的变化量 $\Delta\Phi$（即 $\Phi_2 - \Phi_1$）和发生这个变化所用时间 Δt（即 $t_2 - t_1$）的比值 $\Delta\Phi/\Delta t$ 来表示，这个比值叫磁通量的变化率。

法拉第从大量实验得出：**电路中感应电动势的大小跟穿过这一电路的磁通量的变化率成正比**，这就是法拉第电磁感应定律。可写成

$$E = k \frac{\Delta\Phi}{\Delta t}$$

k 是一个比例恒量，当 E、Φ、t 分别用国际单位 V、Wb、s（伏特、韦伯、秒）时，$k=1$，因为可以证明 $1\text{Wb/s} = 1\text{V}$。

实际上为了获得较大的感应电动势，常采用多匝线圈。若线圈是由 n 匝绕成，穿过每匝线圈的磁通量变化率都相同，那么这个线圈的感应电动势 E 就是单匝线圈感应电动势的 n 倍，即

$$E = n \frac{\Delta\Phi}{\Delta t} \tag{12-1}$$

三、导线切割磁感线的感应电动势

如图 12-6 中，设长为 L 的导线 cd，以速度 v 垂直于匀强磁场的方向向右做匀速运动，则 cd 在 Δt 时间内切割磁感线的条数，即等于 $abcd$ 回路中在这个时间内磁通量的变化 $\Delta\Phi$，由于回路增加的面积为 $\Delta S = Lv\Delta t$，所以

$$\Delta\Phi = B\Delta S = B Lv\Delta t$$

代入式（12-1）中，得 $E = BLv$ (12-2)

式中 E、B、L、v 的单位分别用 V、T、m、m/s，式 12-2 只适用于 B、v 沿直导线处处均匀，且 B、v 及导线放置方向三者互相垂直的情况。

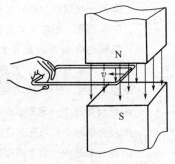

图 12-13　例题 12-2 图

【**例题 12-2**】　如图 12-13 中，匀强磁场的磁感强度 B 为 0.20T，切割磁感线的导线的长度 L 为 20cm，匀速向左拉动线框，速度为 2.5m/s，整个线框的电阻为 0.2Ω。求线框中感应电流的大小和方向？

解　已知 $L = 0.20\text{m}$　$v = 2.5\text{m/s}$　$B = 0.20\text{T}$　$R = 0.2\Omega$

求 $I = ?$

$E = BLv$

$= 0.20 \times 0.20 \times 2.5 = 0.1\text{V}$

由全电路欧姆定律有 $I = \dfrac{E}{R} = \dfrac{0.1}{0.2} = 0.5\text{A}$

由右手定则判定感应电流方向为沿顺时针方向。

答　感应电流大小为 0.5A，方向沿顺时针方向。

习　题

1. 选择填空题

(1) 下列几种说法中正确的是 (　　)。

　　A. 线圈中磁通量变化越大，线圈中产生的感应电动势一定越大

　　B. 线圈中磁通量越大，线圈中产生的感应电动势一定越大

　　C. 线圈放在磁场越强的位置，线圈中产生的感应电动势一定越大

　　D. 线圈中磁通量变化越快，线圈中产生的感应电动势一定越大

(2) 关于感应电流和感应电动势的下列说法中，错误的是 (　　)。

A. 电路中，有感应电动势，必有感应电流

B. 电路中，有感应电流，必有感应电动势

C. 对一个确定的闭合电路，感应电动势越大，感应电流也一定大

D. 电路中，感应电动势和感应电流的方向是一致的

(3) 在研究电磁感应现象时，第一次条形磁铁穿过线圈的时间是0.1s，第二次只用了 0.05s，前后两次感应电动势之比为_____。

2. 闭合电路的一部分导体在磁场中运动时，下列说法中正确的是 (   )。

A. 闭合电路中一定有感应电动势

B. 闭合电路中可能有感应电动势，但一定有感应电流

C. 闭合电路中一定有感应电流

D. 闭合电路中可能有感应电流和感应电动势

3. 有人说："穿过回路的磁通量变化越大，则产生的感应电动势就越大。"这话正确吗？

4. 如图 12-14 是法拉第制成的世界上第一台发电机原理图。铜盘在垂直盘面的磁场中转动时，连接铜盘轴心和边缘的电路中就有持续的电流。试说明其中的道理。

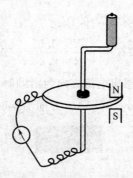

图 12-14　法拉第发电机原理图

5. 有一单匝线圈，穿过它的磁通量在 0.5s 内改变了 0.06Wb，求线圈中感应电动势的大小。若线圈有 50 匝，其结果又怎样呢？

6. 一根长 0.5m 的直导线在磁感强度是 0.2T 的匀强磁场中以 3m/s 的速度做切割磁感线的运动，直导线垂直于磁感线，运动方向跟磁感线、直导线垂直。求导线中感应电动势的大小。

7. 如图 12-15 中，导体 *ab* 是金属线框的一个可动边，*ab* 与线框间无摩擦。当用手拉 *ab* 以 $v = 2.0\text{m/s}$ 的速度向右匀速运动。已知匀强磁场磁感强度 $B = 0.5\text{T}$，*ab* 长 $L = 0.2\text{m}$，导线框构成闭合电路的总电阻 $R = 1\Omega$。求：

① *ab* 中产生的感应电动势为多少？

② 回路中感应电流的大小和方向如何？

③ 此时，*ab* 可动边所受安培力和手向右的拉力大小各为多少？

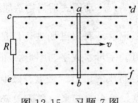

图 12-15 习题 7 图

 动圈式话筒和磁记录技术

（1）动圈式话筒 在日常生活中经常要把声音放大，放大声音的装置主要包括话筒、扩音器和扬声器三部分，如图 12-16 所示。

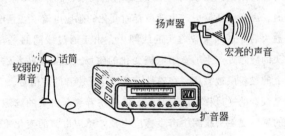

图 12-16 声音的放大

话筒是把声音转变为电信号（随声音而变化的电流）的装置。动圈式话筒是利用电磁感应原理制成的，其构造原理如图 12-17 所示。当声波使金属膜片振动时，连接在膜片上的线圈（叫做音圈）就随着一起振动，线圈在永久磁铁的磁场里振动，线圈中就产生感应电流，这就是电信号。线圈振动时感应电流的大小和方向都变化，变化的振动和频率由声波决定。这个信号电流经扩音器放大后传给扬声器，扬声器把电信号转变为声音信号而放出。

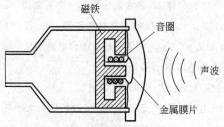

图 12-17　动圈式话筒构造原理

（2）磁记录技术　磁记录是利用磁场进行信息的记录、存储、取出的技术。记录信息是把声音、字母、数字、图形、图像等各种信息转变为电信号，然后再用磁性材料制成的磁带、磁盘、磁卡中，利用磁化现象，以剩磁方式记录下这些信息，再存储起来，称为录音、录码和录像。如果要从存有信息的磁带、磁盘、磁卡中取出信息，可利用剩磁的磁场来产生感应信号电流，再还原成上述声音、字母、数字、图形、图像等信息。下面以磁带录音机为例进行详细说明。

磁带录音机主要由机内话筒、磁带、录放磁头、放大电路、扬声器、传动机构等部分组成。图 12-18 所示是录音机的录、放原理示意图。

录音时，声音使话筒中产生随声音而变化的感应电流（音频电流），经放大电路放大后，进入录音磁头的线圈中。由于通过线圈的是音频电流，因而在磁头的缝隙处产生随音频电流变化的磁场。磁带紧贴着磁头缝隙移动，磁带上的磁粉层被磁化，在磁带上就记录了声音的磁信号。

放音是录音的逆过程。放音时，磁带紧贴着放音磁头的缝隙通过，磁带上变化的磁场使磁头线圈中产生感应电流，感应电流的变化跟磁信号相

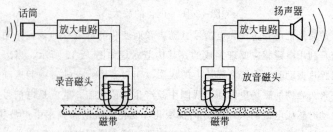

图 12-18　录音机的录、放原理示意图

同，即线圈中产生的是音频电流。这个电流经放大电路放大后，送到扬声器，扬声器就把音频电流还原成声音。

在录音机里，录、放两种功能是合用一个磁头完成的，录音时磁头与话筒相连；放音时磁头与扬声器相连。

第三节　互感与自感

一、互感

变压器是如何改变电压、电流的？日光灯的启动原理又是怎样的？

从第一节实验三讨论分析知道：线圈 a 中的电流变化时，线圈 b 中的磁通量变化，在线圈 b 中就会产生感应电动势。同样，如果线圈 b 中的电流变化时，线圈 a 中的磁通量发生变化，在线圈 a 中也会有感应电动势产生。

由于一个线圈中的电流变化，而使邻近另一个线圈中产生电动势的现象，叫做**互感**。变压器、感应圈就是利用互感原理制成。

1. 变压器

变压器是能够改变交流电压（电压大小和方向发生变化）的设备。如图 12-19 所示是变压器的示意图。它是由一个闭合铁心和绕在铁心上的两个线圈组成的。一个线圈与电源连接，叫**原线圈**（也叫初级线圈）；另一个线圈与负载连接，叫**副线圈**（也叫次级线圈）。两个线圈都是用绝缘导线绕制而成的，铁心由涂有绝缘漆的硅钢片叠合而成。

在原线圈上加上交变电压 U_1，原线圈中就有变化的电流通过，在铁心中产生变化的磁通量。这

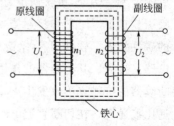

图 12-19　变压器原理图

个变化的磁通量，既然穿过副线圈，必然在副线圈中引起感应电动势。这时副线圈可以作为电源使用。当把用电器连接在副线圈两端时，副线圈电路中就会有电流通过。这时加在用电器上的电压就是副线圈的端电压 U_2。

由实验得出，变压器原线圈两端的电压 U_1 和副线圈两端电压 U_2 之比，等于原、副线圈匝数 n_1、n_2 之比，即

$$\frac{U_1}{U_2} = \frac{n_1}{n_2} \qquad (12\text{-}3)$$

如果 $n_2 > n_1$，U_2 就大于 U_1，变压器为升压变压器；

如果 $n_2 < n_1$，U_2 就小于 U_1，变压器为降压变压器。

*2.感应圈

感应圈结构原理如图 12-20 所示，在绝缘的硅钢片组成的铁心上，套着两个绝缘导线绕成的线圈，其中连接电源的线圈称为原线圈，由较粗的绝缘导线绕成，匝数不多。另一线圈称为副线圈，由绝缘导线绕成，匝数很多，它的两端分别接到两根绝缘金属棒上，在棒端的小球间形成空气间隙 G。断续

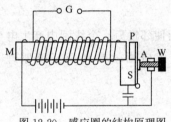

图 12-20 感应圈的结构原理图

器是用来自动完成原线圈电路的接通和断开的，使原线圈中的电流时通时断，发生变化，而副线圈中产生交变电压。断续器由螺旋 W、弹簧片 S 和软铁 P 组成。当电路接通时，铁心被磁化，吸引软铁 P，使它和接触点 A 分开，于是电源切断，这时铁心的磁性消失，软铁 P 受弹簧片弹力的作用重新和螺旋 W 接触，电路又接通。其电容器的作用是在切断原线圈中的直流电时，使断续器的接触点不致发生火花放电，从而保证切断电路所需时间远比接通短，在切断直流电时副线圈中产生比接通时大得多的电动势。

由于原线圈中的电流发生变化，副线圈中的磁通量随之变化，因此在副线圈中产生感应电动势。因为副线圈的匝数很多，所以产生的感应电动势很大，副线圈两端的电压非常高，能在小球间隙引起火花放电。

二、自感

1. 自感现象

先做如图 12-21 实验，合上开关 S，调节变阻器 R_P，使两个同样规格的灯泡 HL1 和 HL2 达到相同的亮度。再调节变阻器 R_{P1}，使两个灯泡都正常发光，然后断开电路。

在接通电路时可以看到，跟变阻器 R_P 串联的电灯 HL2 立刻达到了正常的亮度，而跟有铁心的线圈 L 串联的电灯 HL₁，却是较慢地达到正常的亮度。为何出现这种现象呢？这是因为当电路接通的瞬间，通过线圈 L 的电流增加，线圈中的磁通量增加，在线圈 L 中产生了感应电动势。由楞次定律可知，这个电动势要阻碍通过线圈的电流的增强，所以灯泡 HL1 达到正常亮度比灯泡 HL2 要延缓一些。

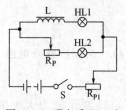
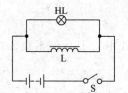

图 12-21　通电后 HL1 比　　　图 12-22　断电瞬间灯泡 HL
HL2 较慢达到正常发光　　　　并不立即熄灭而是更亮

再看如图 12-22 实验，发现与电感线圈并联的灯泡在断开 S 的瞬间，并不是立即熄灭，而是发出更亮的光。这又是为什么呢？因为切断电路的瞬间，通过线圈的电流很快减弱，线圈磁通量很快减少，在线圈 L 中产生了感应电动势。由楞次定律知，这个电动势要阻碍线圈中的电流减弱，又因为这时线圈和电灯组成了闭合回路，这个电路中有感应电流通过，所以断电后灯泡并不马上熄灭。

由以上实验归纳得出：当导体中电流发生变化时，导体本身就会产生感应电动势，这个电动势总是阻碍导体中原来电流的变化。当电流增大时，自感电动势引起的感应电流的方向与线圈中原来电流的方向相反；当电流减小时，感应电流的方向与原来电流的方向相同。

导体由于本身电流的变化而产生感应电动势的现象叫做**自感现象**，简称**自感**。在自感现象中产生的电动势叫做**自感电动势**，用 ε_L 表示。

2.自感电动势

自感电动势跟所有感应电动势一样，是跟线圈中磁通量变化率成正比的，但在自感现象中，磁场是由电路中的电流变化产生的，线圈中磁通量的变化率跟通过线圈的电流的变化率成正比，所以自感电动势 ε_L 跟电流的变化率 $\dfrac{\Delta I}{\Delta t}$ 成正比，即

$$\varepsilon_L = L\,\frac{\Delta I}{\Delta t} \tag{12-4}$$

式中 L 是比例系数，叫做**自感系数**，简称**自感**或**电感**。

3.自感系数

自感系数是表征导体阻碍其本身电流变化能力大小的物理量。自感系数越大，说明电流变化率一样时，在这个自感系数大的线圈中产生的自感电动势也越大，这个线圈对电流变化的阻碍作用也越大。

自感系数是由导体本身特点决定的，线圈的匝数越多，面积越大，自感系数越大；有铁心的线圈的自感系数比没有铁心的大得多。

在国际单位制中，自感系数的单位是 H(亨利)。一个线圈，

如果通过它的电流强度在 1s 内变化 1A，产生的自感电动势是 1V，那么，这个线圈的自感系数就是 1H，所以 $1H=1V \cdot s/A$。

自感系数的常用单位还有 mH（毫亨）和 μH（微亨）。

$$1H=10^3 mH=10^6 \mu H$$

4. 自感现象的防避和应用

自感现象的产生既有利也有弊，故在实际中有利用它有利的一面，也要注意防避其产生的危害。

（1）日光灯的发光原理　如图 12-23 是日光灯的电路图，它主要是由灯管、镇流器和启动器组成。

镇流器是一个带铁心的线圈。启动器的构造如图 12-24 所示，它是一个充有氖气的小玻璃泡，里面装上两个电极，一个固定不动的静触片和一个用双金属片制成的 U 形触片。

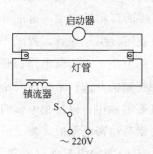

图 12-23　日光灯电路图

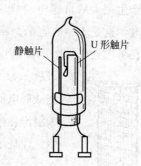

图 12-24　启动器构造图

灯管内充有稀薄的水银蒸气。当水银蒸气导电时，就发出紫外线，使涂在管壁上的荧光粉发出柔和的白光。由于激发蒸气导电所需的电压比 220V 的电源电压高得多，因此，日光灯在开始点燃时需要一个高出电源电压很多的瞬时电压。在日光灯点燃后正常发光时，灯管的电阻变得很小，只允许通过不大的电流，电流过强就会烧毁灯管，这时又要使加在灯管上的电压大大低于电源电压。这两方面的要求都是利用与灯管串联的镇流器来达到的。开灯时，电源把电压加在启动器的两极之间，使氖气放电而发出辉光。辉光产生的热量使 U 形触片膨胀伸长，跟静触片接触而把电路接通。于是镇流器的线圈和灯管的灯丝中就有电流流过。电路接通后，启动器中的氖气停止放电，U 形触片冷却收缩，两个触片分离，电路自动断开。在电路突然中断的瞬间，由于自感作用在镇流器两端产生一个瞬时高电压，这个电压加上电源电压加在灯管两端，使灯管中的水银蒸气开始放电，于是日光灯成为电流的通路开始发光。在日光灯正常发光时，由于交变电流不断通过镇流器的线圈，线圈中就有自感电动势，它总是阻碍电流变化的，且镇流器线圈本身也有电阻。这时镇流器起着降压限流作用，保证日光灯正常工作。

（2）自感现象不利的一面　在含有较大自感的电路里，断电时产生很大的自感电动势，因此在断开处将引起火花放电或弧光放电，这是十分有害的。在化工厂、炼油厂和煤矿中，由于可能存在可燃性气体，因此断电时的电火花可以引起爆炸，造成严重

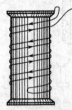

图 12-25　双线绕法

事故。为了防止事故的发生，在切断电路前必须先减弱电流，并采用特制的开关。常用的安全开关浸泡在绝缘性能良好的油中，以防止电弧的产生，保证了安全。在制造精密电阻时，为了消除在使用过程中由于电流的变化引起的自感现象，往往采用双线绕法，如图 12-25 所示，由于两根平行导线中电流方向相反，它们的磁场相互抵消，从而可以使自感现象的影响减弱到可以忽略的程度。

阅读材料　　**钳形电流表及其使用**

采用电流表测量电流时，需要先断开电路，再将电流表串联到电路中，操作起来比较繁琐，而使用钳形电流表就可以在不切断电路的情况下来测量电流。

钳形电流表由电流互感器和电流表组合而成。被测电流导线可以穿过电流互感器铁芯张开的缺口，成为电流互感器的一次线圈。电流互感器二次线圈中感应出的电流在电流表中显示出来，从而测出被测线路中的电流。

钳形电流表的使用注意事项如下。

（1）钳型电流表一般用在交流 500V 以下的线路。测量高压线路的电流时，应选用与其电压等级相符的高压钳型电流表。

（2）使用前要检查钳型电流表的外观情况，钳口闭合情况及表头情况等是否正常。

（3）根据被测电流大小来选择合适的量程。选择的量程应稍大于被测电流数值。若不知道被测电流的大小，先选用最大量程，然后根据情况逐挡降低。

（4）测量时应按紧扳手，使钳口张开。将被测导线放入钳口中央后松开扳手并使钳口闭合紧密。

（5）读数后，将钳口张开，将被测导线退出，将挡位置于电流最高挡。

（6）由于钳型电流表要接触被测线路，所以测量前一定检查表的绝缘性能是否良好。外壳必须无破损，手柄应清洁干燥。

（7）测量时应戴绝缘手套或干净的线手套。

（8）测量时注意身体各部分与带电体保持安全距离（低压系统安全距离为 0.1～0.3 m）。

（9）不能用钳型电流表测量裸导体的电流。

（10）严禁在测量进行过程中切换钳型电流表的挡位；若需要换挡时，应先将被测导线从钳口退出再更换挡位。

习　　题

1. 制造电阻箱时要用双线绕法，如图 12-25，这样可以使自感现象的影响减弱到可以忽略的程度。为什么？

2. 线圈和滑线变阻器串联接入直流电源，如图 12-26 所示，将变阻器 R_p 的滑动接头向左或向右滑动时，请判定线圈中感应电动势的方向。

3. 有一个线圈，它的自感系数为 1.5H，当通过它的电流在 0.3s 内由 0.5A 增加到 4.5A 时，产生的自感电动势是多少？

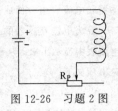

图 12-26　习题 2 图

4. 下列关于自感系数，说法正确的是（　　　　）。

　　A. 通过线圈的电流越大，线圈的自感系数越大

　　B. 通过线圈的电流变化越大，线圈的自感系数越大

　　C. 通过线圈的电流变化快，线圈的自感系数越大

　　D. 线圈的自感系数与线圈的形状、长短、匝数、有无铁心等因素有关

5. 变压器的原线圈匝数为 2000 匝，如果要将 220V 的交流电变成 110V 的交流电，则副线圈的匝数为多少？

6. 一个变压器的原线圈匝数为 2200 匝，副线圈为 100 匝，若原线圈接 220V 的交流电压，则副线圈两端电压为多少？

7. 一个自感系数为 1.2H 的线圈，当通过它的电流在 1.2s 内由 0 增加到 3A 时，线圈中产生的自感电动势多大？

8. 通过一线圈的电流在 0.1s 内电流变化了 0.2A，产生的自感运动势为 50V，求线圈的自感系数。如果通过线圈的电流每秒变化率 10A，其自感系数为多少？自感电动势为多大？

第四节　涡　　流

仔细观察发电机、电动机和变压器，就可以看到，它们的铁心都不是整块金属，而是由许多薄的硅钢片叠合而成的。这是为什么？

原来，这与下面要介绍的一种特殊的电磁感应现象有关。当块状金属放在变化着的磁场中，或者让它在磁场中运动时，金属块里也将产生感应电流。这种电流在金属块内自成闭合回路，形状很像水的漩涡，因此叫做**涡电流**，简称**涡流**。整块金属的电阻

很小，所以涡流通常很强。

在许多情况下，涡流引起导体大量发热，是十分有害的。例如，在电机和变压器的铁心中，由于涡流使铁心发热，不仅消耗了电能，而且会烧坏绝缘物，使它们不能正常工作。为了减少涡流，电机和变压器的铁心不用整块材料制作，而是涂有绝缘漆的薄硅钢片叠压而成，如图 12-27 所示。这样，涡流被限制在薄片之内，回路的电阻很大，涡流大为减弱。

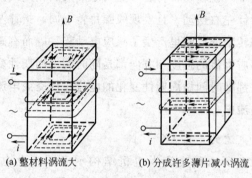

(a) 整材料涡流大   (b) 分成许多薄片减小涡流

图 12-27　涡流的形成及减弱

然而，涡流也是可以利用的。工业上的高频感应炉利用涡流来熔化金属，如图 12-28 是冶炼金属的感应炉的示意图。冶炼锅内装入被冶炼的金属，线圈通上高频交变电流，这时被冶炼的金属中就产生很强的涡流，从而产生大量的热使金属熔化。这种冶炼方法速度快，温度容易控制，并能避免有害杂质混入被冶炼的金属中，因此适于冶炼特种合金和特种钢。

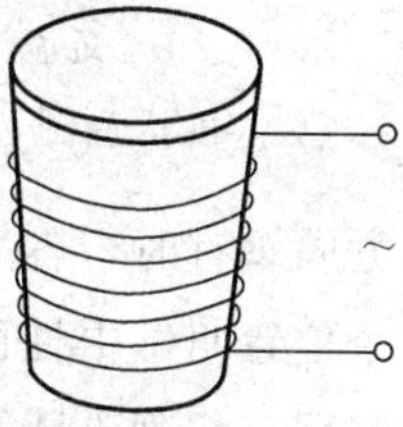

电学测量仪表，要求指针的摆动很快停下来，以便迅速读出指针指示的数。电流表的线圈要绕在铝框上，铝框就是起这个作用的。原来，当被测电流通过线圈时，线圈带动指针和铝框一起转动。铝框在磁场中转动时产生涡流，磁场对这个涡流的作用力阻碍

图 12-28　高频感
应炉示意图

它们的摆动，于是使指针很快地稳定指到读数位置上。

*第五节 交 流 电

平时常说交流电，交流电与直流电相比，有什么特点，又是怎样产生的呢？

先做这样一个实验，把一矩形线圈 abcd 放在蹄形磁铁产生的匀强磁场中匀速转动，将会看到与矩形线圈相连成闭合回路中的电流计指针左右摆动，且发现线圈每转一周，指针左右摆动一次。这说明转动的线圈里产生了感应电动势，因而有感应电流流过，并且感应电流的强度和方向都是随时间做周期性变化。这种强度和方向都随时间做周期性变化的电流叫做**交变电流**，简称**交流**，俗称**交流电**。

1. 交变电流的产生

图 12-29 所示是交流发电机结构示意图，发电机主要是

图 12-29 交流
发电机示意图

由定子和转子两部分组成，其中固定不动的磁铁叫定子，绕在铁心上的线圈叫转子，转子可绕中心轴转动。线圈两端连接在彼此绝缘的两个滑环上，固定的电刷压在滑环上以保持接触，由电刷将产生的电流引出。

由图 12-29 可知，当矩形线圈在匀强磁场中匀速转动时，其 ab、cd 边将同时切割磁感线产生感应电动势。当线圈所在平面与磁场方向垂直时，各边都不切割磁感线，此时的感应电动势为零，这个位置叫做**中性面**；当线圈平面与磁场方向平行时，ab、cd 边都垂直切割磁感线，产生的感应电动势为最大；线圈转动到其他位置时，感应电动势介于零与最大值之间。并且，线圈每经过中

性面一次，电动势的方向就改变一次。可见，线圈转动一圈，所产生的电动势无论是大小还是方向都在变化。

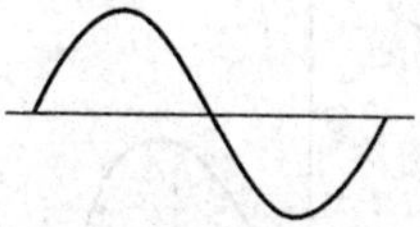

图 12-30　交变电压的正弦变化曲线

2.交变电流的规律

把照明电路的交流电流输入到示波器中，从示波器的荧光屏上可以看到图 12-30 所示曲线。这条曲线就是交变电流的电压随时间而变化的图像，从数学知识可得出，这是一条正弦函数曲线，可见交变电流的电压是按正弦规律变化的。

设匀强磁场的磁感强度为 B，匝数为 n 的线圈从中性面位置开始，以角速度 ω（弧度每秒，符号是 rad/s）逆时针方向匀速转动，经过时间 t 转动过 θ 角，若线圈产生的感应电动势的峰值（最大值）$\varepsilon_m(=nBLv)$，如图 12-31 那样在任一时刻 t 感应电动势的瞬时值 e 是

$$e = nBLv\sin\theta = \varepsilon_m\sin\omega t \tag{12-5}$$

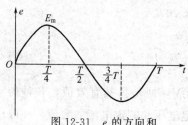

图 12-31　e 的方向和大小随时间变化

如果把线圈和电阻组成闭合回路，电路中就有电流。实验证明，在只含有电阻的电路中，适用于直流电路的欧姆定律也适用于交流电路。如果用 R 表示闭合电路的总电阻，用 I 表示电路中的感应电流的瞬时值，则有 $i = \dfrac{e}{R} = (\varepsilon_m\sin\omega t)/R$，用 $I_m = \varepsilon_m/R$ 表示电流的峰值，则

$$i = I_m\sin\omega t \tag{12-6}$$

这种按正弦规律变化的电流叫做**正弦式电流**。如图 12-32 所示是正弦交流电随时间变化的图像。

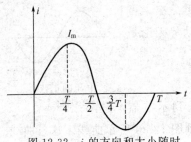

图 12-32　i 的方向和大小随时间大小变化

3. 表征交流电流的物理学量

直流电的电压、电流是恒定的，都不随时间而改变，要描述电流，只用电压和电流强度这两个量就够了。而交流电的电压和电流的大小和方向都随时间做周期性变化，描述它需更多的物理量。

（1）交流电的有效值　在同一时间内，某一交流电通过一段电阻产生的热量，与 3A 的直流电通过阻值相同的另一电阻产生的热量相等，那么这一交流的电流的有效值就是 3A。用同样的方法还可以确定交流电压的有效值。

实验和计算得出交流电的有效值与峰值存在如下关系

$$\varepsilon = \frac{\varepsilon_m}{\sqrt{2}} = 0.707\varepsilon_m \qquad (12-7)$$

$$U = \frac{U_m}{\sqrt{2}} = 0.707U_m \qquad (12-8)$$

$$I = \frac{I_m}{\sqrt{2}} = 0.707I_m \qquad (12-9)$$

通常说照明电路的电压是 220V，便是指其有效值，各种使用交流电的电气设备上所标的额定电压和额定电流的数值，一般也是指有效值，以后没有特别说明的，都是指有效值。

（2）交流电的周期和频率　交流电与别的周期性运动一样，是用周期或频率来表示变化的快慢。由图 12-31 和图 12-32 可知，线圈匀速转动一周，电动势、电流都按正弦规律变化一周。交流电完成一次周期性变化的时间叫做**交流电的周期**，通常用 T 表示，单位是 s（秒）。而

$$T = 2\pi/\omega$$

交流电在一秒内完成周期性变化的次数叫做**交流电的频率**，通常用 f 表示，单位是 Hz（赫兹）。周期和频率的关系是

$$T = \frac{1}{f} \text{ 或 } f = \frac{1}{T} \qquad (12\text{-}10)$$

中国工农业生产和生活用的交流电，周期是 0.02s，频率是 50Hz，电流方向每秒改变 100 次。

4. 交流发电机

发电厂里的交流发电机构造比图 12-29 所示复杂得多，但基本组成部分也是产生感应电动势的线圈（通常叫做电枢）和产生磁场的磁极。电枢转动、磁极不动的发电机，叫做**旋转电枢式发电机**。磁极转动，而电枢不动，线圈依然切割磁感线，电枢同样会产生感应电动势，这种发电机叫**旋转磁极式发电机**。不论哪种发电机，转动的部分都叫**转子**，不动的部分都叫**定子**。

旋转电枢式发电机，转子产生的电流必须经过裸露着的滑环和电刷引到外电路，如果电压很高，就容易发生火花放电，有可能烧毁电机。同时，电枢可能占有的空间受到很大限制，它的线圈匝数不可能很多，产生的感应电动势也不能很高。这种发电机提供的电压一般不超过 500V。旋转磁极式发电机克服了上述缺点，能够提供几千到几万伏的电压，输出功率可达到几十万千瓦。所以大多数发电机都是旋转磁极式的。

发电机的转子是由蒸汽轮机、水轮机或其他动力带动的。动力机将机械能传递给发电机，发电机将得到的机械能转化为电能输送给外电路。

习　　题

1. 某用电器两端允许加的最大直流电压是 100V，能否把它接在交流电压是 100V 的电路里？为什么？

2. 图 12-33 所示是一个按正弦规律变化的交变电流图。根据图像求出它的周期、频率和电流的峰值。

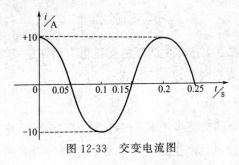

图 12-33 交变电流图

3. 一正弦电压 $u = 311\sin\left(100t + 30°\right)$ V，问该交流电压的最大值、有效值、周期、频率各是多少？

4. 有一正弦式电流，电流的有效值是 3A，它的峰值是多少？

*第六节　电磁场和电磁波

人们天天看电视、听广播，然而电视、广播信号是通过什么传播的呢？是通过电磁波来传播的。那么电磁波又是什么呢？是怎样产生的，有什么性质以及怎样利用它来传递各种信号呢？机械波是机械振动在介质中的传播，那么电磁波也可能是某种振荡的传播，这种振荡就是下面要讨论的电磁振荡。

一、电磁振荡

（1）振荡电流和振荡电路　图 12-34 所示电路中，先把开关扳到电池组一边，给电容器充电。后把开关扳到线圈一边，让电容器通过线圈放电。会看到电流计指针左右摆动，这表明电路中产生了大小和方向做周期性变化的电流。这样产生的大小和方向都做周期性变化的电流叫做**振荡电流**。能

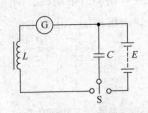

图 12-34　LC 振荡电路

产生振荡电流的电路叫做**振荡电路**。由一个自感线圈和电容器组成的电路，是一种最简单的振荡电路，简称 **LC 回路**。

振荡电流也是一种交变电流，只是在无线电技术中需要的振荡电流的频率比照明电路中电流的频率高得多。

由示波器演示得知，LC 回路里产生的振荡电流跟正弦式电流一样，也是按正弦规律变化。

(2) 振荡电流的产生　如图 12-35 (a) 中，电容器被充电完毕，一旦线圈与电容器构成回路，电容器马上开始通过线圈放电，在放电初，电容两极间电压 U 最大，储藏的电场能最大，电路中电流为零，线圈中磁场能为零；随着电容器放电，电容器两极所带电量逐渐中和，电容器两极间电压减小，储藏电场能减小，电路中电流**逐渐**增大，线圈中储藏的磁场能增大，若忽略其他能量损失，电容器中减少的电场能转化为线圈中储藏的磁场能（电路中的电流只能逐渐地增大，因为线圈有自感的作用，电流不可能突然变化）。当电容器上电荷全部中和，电容器中储藏的电场能变为零，而电路中的电流达到了最大，线圈中磁场能也达到了最大，即电场能全部转化为磁场能，如图 12-35 (b) 所示。

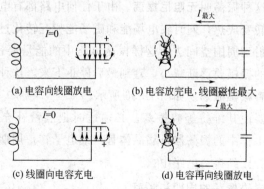

(a) 电容向线圈放电　　　(b) 电容放完电，线圈磁性最大

(c) 线圈向电容充电　　　(d) 电容再向线圈放电

图 12-35　振荡电流的产生及电场和磁场能量的转化

从图 12-35（b）状态到图 12-35（c）状态过程中，给电容器反向充电，电流逐渐减小，线圈中磁场能逐渐减小，电容器两极所带电量增多，两极间电压增大，电容器中电场能增大，即磁场能转化电场能。到图 12-35（c）状态时，电路中电流变为零，线圈中磁场能为零，电容器中电场能达到最大。

接着电容器又开始反方向放电，电容器两极电荷逐渐中和，电压减小，储藏电场能减小；电路中电流反向逐渐增大，线圈中磁场能增大，到图 12-35（d）状态时，当电容器反向放电完毕，电场能变为零，电流达到最大，线圈中磁场能达到最大。

于是，由于反向电流的继续流动，又给电容器正向充电，电容器间电压增大，电场能增大，电路中电流减小，磁场能减小，电容器正向充电完毕，线圈中的磁场能又全部转化为电场能。

上述过程反复循环下去，电路中就出现了振荡电流。

在振荡电路里产生振荡电流的过程中，电容器极板上的电荷，通过线圈的电流，以及与电流和电荷相联系的磁场和电场都发生周期性的变化，这就是**电磁振荡**。

（3）阻尼振荡和无阻尼振荡　在电磁振荡中，如果没有能量损失，振荡应该永远持续下去，电路中振荡电流的振幅保持不变的振荡，这种振荡叫**无阻尼振荡**。由于任何电路都有电阻，有一部分能量转变成热，同时在电场能和磁场能相互转化过程中，还有能量辐射到周围空间去，这样振荡电路中的能量要逐渐损耗，振荡电流的振幅要逐渐减小，直到最后停止下来，这种振荡叫**阻尼振荡**或者**减幅振荡**。如图 12-36 所示。

如果要使其维持等幅振荡，必须适时把能量补充到电路中来，实际工作中的振荡器是靠晶体管（或电子管）周期性地把电源的能量补充到振荡电路中去。

二、电磁振荡的周期和频率

（1）电磁振荡的周期和频率　电磁振荡完成一次周期性变化

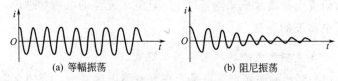

(a) 等幅振荡   (b) 阻尼振荡

图 12-36 电流的等幅振荡和阻尼振荡

需要的时间，叫做**周期**。一秒钟内完成的周期性变化的次数，叫做**频率**。

振荡电路中发生电磁振荡时，如果没有能量损失也不受其他外界的影响，这时电磁振荡的周期和频率叫做振荡电路的**固有周期**和**固有频率**。

（2）影响 LC 振荡回路的周期和频率的因素   由实验得知，电容 C 或电感 L 增加时，周期变长，频率变低；电容或电感减小时，周期变短，频率变高。理论上的定性分析，电感 L 大，说明线圈阻碍电流变化能力强，所以电容器充放电时间长；电容 C 大，在相同电压下，电容器储藏电荷多，则其充放电时间也就长。

进一步研究证明： $T = 2\pi \sqrt{LC}$, $f = \dfrac{1}{2\pi \sqrt{LC}}$ (12-11)

式中的 T、L、C、f 的单位分别是 s、H、F、Hz。

由上面知道，振荡电路的固有周期和固有频率决定于电路中线圈的自感系数和电容器的电容。因此，适当地选择电容器和线圈就可以使电路的固有周期和固有频率符合所需要求。在需要改变电路的固有周期和固有频率的时候，用可变电容器和线圈组成电路，当改变电容器的电容时，振荡电路的周期和频率也随着改变。

三、电磁场和电磁波

机械振动可以产生机械波，电磁振荡也可以产生电磁波。在 19 世纪 60 年代，英国物理学家麦克斯韦（1831～1879）在总结前人研究电磁现象成果的基础上，建立了完整的电磁场理论，预言了电磁波的存在。

1.麦克斯韦电磁场理论的两个观点

（1）变化的磁场产生电场　在电磁感应现象中，当闭合电路中的磁通量改变时，有感应电流产生，麦克斯韦认为：这是因为变化的磁场周围产生了一个电场，如图 12-37 所示，这个电场驱使导体中的自由电荷做定向移动就形成了电流。由此推广，不管有没有闭合电路存在，在变化的磁场周围都会产生电场。

产生的电场由磁场的变化情况决定，均匀变化的磁场产生稳定的电场，周期性变化的磁场产生周期性变化的电场。

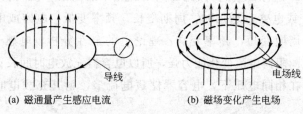

(a) 磁通量产生感应电流　　　　(b) 磁场变化产生电场

图 12-37　变化的磁场产生电场

（2）变化的电场产生磁场　由奥斯特发现电流具有磁效应后，人们知道电流周围存在磁场，对电容器充放电现象进一步研究，麦克斯韦得出周期性变化的电场周围也存在磁场。

产生磁场由电场的变化情况决定，均匀变化的电场产生稳定磁场，周期性变化的电场产生周期性变化的磁场。

麦克斯韦根据自己的理论进一步提出：如果在空间某区域中有周期性变化的电场，那么，这个变化的电场就在它周围空间产生周期性变化的磁场；这个变化的磁场又在它周围空间产生新的周期性变化的电场……可见，变化的电场和变化的磁场是相互联系着的，形成一个不可分割的统一体，这就是**电磁场**。这种变化的电场和变化的磁场总是交替产生，并且由发生的区域向周围空间传播，这就形成了**电磁波**。

2.电磁波的特点

麦克斯韦还从理论研究中发现，在真空中电磁波的传播速度等于光速，即任何电磁波在真空中传播的速度都是 $c=3.00\times10^8\text{m/s}$。

波的传播速度等于波长 λ 和 f 的乘积，即 $v=\lambda f$。这个关系对电磁波也是适用的。由于各种电磁波在真空的传播速度都是 c，故有

$$\lambda=\frac{c}{f} \tag{12-12}$$

无线电技术中使用的电磁波叫做**无线电波**。无线电波的波长从几毫米到几千米。通常根据波长或频率把无线电波分成几个波段，如表 12-1 所示。

表 12-1　无线电波段

波　段		波　长	频　率	传播方式	主要用途
长波		30000～3000m	10～100kHz	地波	超远程无线电通讯和导航
中波		3000～200m	100～1500kHz	地波和天波	无线电波和电报通讯
中短波		200～50m	1500～6000kHz		
短波		50～10m	6～30kHz	天波	
微波	米波	10～1m	30～300MHz	近似直线传播	无线广播、电视、导航
	分米波	10～1dm	300～3000MHz	直线传播	电视、雷达、导航
	厘米波	10～1cm	3000～30000MHz		
	毫米波	10～1mm	30000～300000MHz		

习　题

1. 在 LC 电磁振荡电路中，在电容器放电完毕未充电时，正确的说法是（　　　）。

A. 电场能为零，磁场能最大

B. 磁场能为零，电场能最大

C. 电场能正向磁场能转化

D. 磁场能正向电场能转化

2. 已知一振荡电路中线圈的自感系数是 4μH，电容器的电容为 9.0×10⁴pF，则该振荡电路的固有频率是多少？

3. 在图 12-38 的线路中，可变电容器的最大电容是 300pF，要获得最低频率是 650kHz 的振荡电流，线路上线圈的自感系数应当多大？如果可变电容器动片完全转出时电容变为 30pF，这时可产生多大频率的振荡电流？

图 12-38　习题 3 图

*第七节　电磁波的发射与接收

一、电磁波的发射

麦克斯韦的电磁理论指出：只要空间某个区域有振荡的电场或磁场，就会产生电磁波。振荡电路在发生电磁振荡的时候，电容器里的电场和线圈周围的磁场都在振荡着，因此振荡电路是能够产生电磁波的。

前面已提到，电磁波从振荡电路向空间传播时，电磁场的能量也随同一起传播。故发射电磁波的过程，同时也是向外辐射能量的过程。如何才能尽可能把能量辐射出去呢？

（1）开放电路　由实验得出：电磁振荡的频率越高，向外辐射能量的本领就越大，并由理论证明：单位时间内辐射出去的能量与振荡频率的四次方成正比。

电路越向外开放，向外辐射能量的本领就越大，如图 12-39（a）的闭合电路，向外辐射的能量就很少，而图 12-39（d）所示的

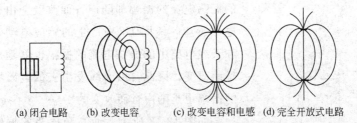

(a) 闭合电路　(b) 改变电容　(c) 改变电容和电感　(d) 完全开放式电路

图 12-39　由闭合电路转为开放电路

电路完全向外开放，向外辐射的能量较大，且此电路还减小了电感 L 和电容 C，增大了振荡频率，这就是开放电路。

所以，要向外界发射电磁波，振荡电路必须具有如下特点：一是要有足够高的频率；二是振荡电路的电场和磁场，必须分散到尽可能大的空间，才能有效地把电磁场的能量传播出去。

在实践应用中，常常把开放电路的下端与地连接，开放电路在空中的一部分叫天线，与地连接的导线叫地线。如图 12-40 所示。电磁波就是通过由天线和地线所组成的开放电路发射出去的。

（2）电磁波的调制　发射电磁波，是为了利用它来传播某种信号。怎样利用电磁波把电码、声音、图像等信号发射出去呢？

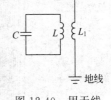

图 12-40　用天线和地线发射电磁波

在电磁波发射技术中，使电磁波随各种信号而改变叫调制。在无线电技术中，能根据信号来改变电磁波的装置叫做调制器。如图 12-41 所示的是无线电话调制示意图，话筒就是个调制器。由声源 S 发出的声音使话筒的炭精薄片振动，薄片的振动使炭粒时松时紧。炭粒接触紧，电阻小些；炭粒接触松，电阻大些。所以，虽然在振动器中产生的是高频等幅振荡，但线圈 L_2 中通过

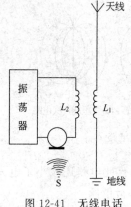

图 12-41 无线电话
调制示意图

的振荡电流的振幅却随声音而改变。由于电磁感应，线圈 L_1 中产生的感应电动势和天线电路中的振荡电流的振幅也就随声音而改变，因此，由天线发出去的电磁波的振幅也是随声音而改变的。

如图 12-42 所示，使高频振荡的振幅随信号而改变叫**调幅**。经过调幅以后发射出去的电磁波叫**调幅波**。

若使高频振荡的频率随信号而改变叫**调频**。经过调频以后发射出去的电磁波叫**调频波**。

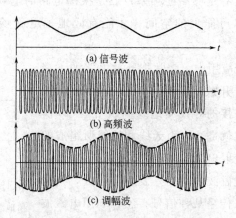

(a) 信号波

(b) 高频波

(c) 调幅波

图 12-42　电磁波的调制

二、电磁波的接收

电磁波在空间传播时，如果遇到导体，它就把自己的一部分能量传给导体，使导体中产生感应电流。感应电流的频率与激起它的电磁波的频率相同。因此，利用放在电磁波传播空间中的导体，就可以接收到电磁波。在无线电技术中，用天线和地线组成的接收电路来接收电磁波。

1. 调谐

世界上有许许多多的无线电台，它们发出的电磁波的频率各不相同（要不就会互相干扰）。空中传播着各种电磁波信号，遇到导体都可能激起感应电流，那么，如何接收要听的电台呢？这就是选台，也即调谐。

选台就是要设法使需要的电磁波激起的感应电流最强，使其他电磁波激起的感应电流非常弱。无线电技术中是利用电的共振现象来达到这个目的。

当传来的电磁波的频率跟振荡电路的固有频率相同时，它在电路中激起的感应电流最强。这种现象叫做**电谐振**。电谐振现象利用下面的莱顿瓶实验可以观察到。实验装置如图 12-43 所示。莱顿瓶甲和带有间隙 AB 的矩形线圈组成第一个电路；同样的莱顿瓶乙和一边（可动）带有氖管的

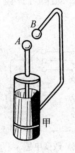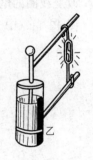

图 12-43　电谐振时氖管最亮

矩形线圈组成第二个电路。莱顿瓶是个电容器，矩形线圈有自感系数，所以这两个电路都是 LC 振荡电路。

实验时，先使莱顿瓶甲带上电。当 A、B 间的电压达到一定程度时，发生振荡放电，可以观察到 A、B 间出现电火花。这时，这个振荡回路辐射电磁波的频率就是这个振荡回路的固有频率。在第一个振荡回路辐射电磁波时，移动第二个振荡回路中矩形线圈的可动边，可以看到：两个矩形线圈的大小相差较多时，氖管不亮；而当它们的大小相差不多时，氖管开始发光；两个线圈的大小完全相同时，氖管最亮。

两个莱顿瓶是相同的，它们的电容相同，两个矩形线圈完全

相同的时候，它们的自感系数相同，因此，这两个振荡回路的固有频率相同。而第一个振荡回路辐射的电磁波频率与回路的固有频率相同，所以，当接收电路的固有频率与接收到的电磁波的频率相同时，接收电路中产生的振荡电流最强，这就是电谐振现象。

接收电路产生电谐振的过程叫做**调谐**，能够调谐的接收电路叫调谐电路。

因振荡电路的固有频率 $f = \dfrac{1}{2\pi\sqrt{LC}}$，所以调谐方法有两种，改变线圈的电感，如图 12-44（a）所示；改变电容器的电容，如图 12-44（b）所示。

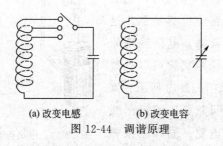

(a) 改变电感　　　　(b) 改变电容

图 12-44　调谐原理

在实际应用中，常在接收天线的线圈旁边耦合一个有可变电容器的振荡电路。通过改变电容，使它的固有频率与要接收的电磁波的频率相同，该频率的电磁波在调谐电路中激起的振荡电流最强，从而达到了接收这个电台信号的目的，如图 12-45 所示。

2.检波

由无线电发射机发出的电磁波，在无线电接收机的天线和调谐电路中激起的感应电流，仍是经过调制过的高频振荡电流。然而必须从这个接收到的高频振荡电流中"检出"其"运载着"的调制信号（声音、图像、文字信号）电流来。这个过程叫做**检波**，检波是调制的逆过程，也叫**解调**。能够完成检波作用的装置，叫做检波器。

如图 12-46 是晶体管的检波电路。它是利用晶体二极管的单向导电性和电容器 C_2 的通高频阻低频的作用从接收到的高频信号上检出所需的低频信号的。

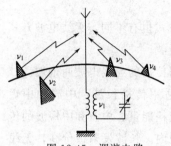

图 12-45　调谐电路

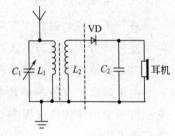

图 12-46　晶体管检波电路

3. 无线电波的接收

图 12-47（a）所示的收音机方框图。在调谐回路中产生的高频振荡电流实际上是很弱的，往往需要经过放大器放大，然后利用检波器的单向导电作用，将接收到的高频振荡电流的下半周全

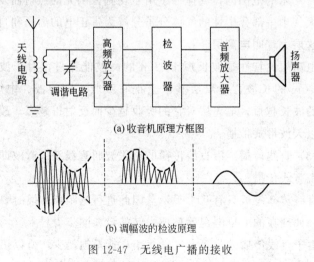

(a) 收音机原理方框图

(b) 调幅波的检波原理

图 12-47　无线电广播的接收

部隔除掉。由于检波后的电流中还存在高频部分，经过接地电容器，可将其中的高频部分去掉，最后剩下的是原来电台发射的音频电流，如图 12-47（b）所示。为了提高响度，还需经音频放大器进行功率放大，最后由扬声器还原成声音。

三、电磁波的传播

波长不同的电磁波在空中传播方式也有不同，无线电波有三种主要传播方式：地波、天波和直线波。

（1）地波传播 沿地球表面空间传播的无线电波叫**地波**。

由于地面上有各种障碍物，故适用传播长波、中波和中短波；且由于地波传播过程中要不断损耗能量，中波和中短波的传播距离不太大，一般在几百千米范围内。长波发射造价高，无线广播中一般不使用，但现在其技术上有很大的发展。

（2）天波传播 依靠电离层的反射来传播的无线电波叫**天波**。

什么是电离层？地球被厚厚的大气层包围。在距地表 50km 到几百千米的范围内，气体分子由于受到太阳光的照射而发生电离，大气中一部分中性的气体分子分解为带正电的离子和自由电子，这层大气叫**电离层**。

电离层的特性是波长短于 10m 的微波能穿过，对于波长超过 3000m 的长波，电离层基本上把它吸收，而中波、中短波、短波的波长越短，电离层对它的吸收越少而反射得越多，故短波适宜以天波形式传播。

（3）直线传播 沿直线传播的电磁波叫**直线波**。微波即超短波适宜直线传播。

直线传播一般只有几十千米，因此进行远距离传播时要设中转站。如现在的卫星电视就是把中转站设在同步卫星上。

由于直线传播方式受大气干扰小，能量损耗少，所以接收到的信号较强而且比较稳定。电视、雷达采用的都是微波。

现在可用同步通信卫星传送微波。由于同步通信卫星静止在赤道上空 36000km 高的地方，用它来做中继站，可以使无线电信号跨越大陆和海洋，只要有三颗卫星，广播就可以传遍全世界。

阅读材料 ## 为什么收音机晚上比白天收台多

沿地球表面附近传播的无线电波叫地波。地球表面上有高低不平的山坡和各种建筑等障碍体，电波绕过这些障碍体的能力与其波长有关，波长越长，绕射能力越强，因此只有长波和中波比较适合以地波的方式传播。另外，电波沿地球表面传播时会产生能量损耗。电波在干土和岩石上的传播损耗最大，湿土和江河湖泊上的损耗次之，海洋上的传播损耗最小，并且电波频率越高，其损失的能量越多。因此中波和中短波以地波方式传播的距离都不远，一般在几百千米范围内。长波沿地面传播的距离虽然比中短波远，但发射长波的设备庞大，造价高，所以很少用于无线电广播，多用于特殊场合通信。地波传播不受气候影响，比较稳定可靠，但在电波传播过程中，电波能量被大地消耗吸收一部分，

依靠电离层的反射来传播的无线电波叫做天波。地球被厚厚的大气层包围着，在地面上空 50 千米到几百千米的范围内，大气中一部分气体分子由于受到太阳光的照射而发生电离，这层大气就叫做电离层。电离层对于不同波长的电磁波表现出不同的特性。微波能完全穿过电离层而不被吸收和反射，奔向茫茫太空；长波却几乎会被电离层全部吸收掉；而短波，则大部分被电离层反射回地面，只有小部分被电离层吸收。由于电离层是不稳定的，白天受阳光照射时电离程度高，夜晚电离程度低，因此夜间它对中波和中短波的吸收减弱，这时中波和中短波以天波的形式传播时信号比较强。而广播电台采用的无线电波多为中短波，因此在夜晚收音机能够收听到许多远地的中波或中短波电台。

习　题

1. 发射电磁波为何要用高频的振荡电流？为什么要用开放电路？

2. 什么是调制？调制有哪两种方式？

3. 什么叫电谐振？什么是调谐和检波？

本章小结

知 识 点	公式表达形式	适 应 范 围	了解或掌握
感应电流产生的条件			掌握
右手定则		适用于判断直导线切割磁感线运动产生的 $\varepsilon_感$ 和 $I_电$ 的方向	掌握
楞次定律			掌握
电磁感应定律	$\varepsilon = n\dfrac{\Delta\Phi}{\Delta t}$		掌握
导体切割磁感线运动时产生感应电动势大小	$\varepsilon = BLv$	匀强磁场中导线、磁场和运动方向三者互相垂直	掌握
互感和变压器			了解
自感现象和自感电动势、自感系数	$\varepsilon = L\dfrac{\Delta I}{\Delta t}$		掌握
*交流电的产生和特点			了解
电磁振荡、电磁场和电磁波			了解
电磁波的发射和接收			了解

复习题

1. 闭合电路产生感应电流的条件是什么? 感应电动势和感应电流的关系是怎样的?

2. 什么是右手定则和楞次定律? 它们的关系如何?

3. 什么是互感和自感? 试说出变压器的工作原理和日光灯的启动过程。

4. 如图 12-48 所示,当开关合上时,导体 AB 是向纸外运动还是向纸里运动?

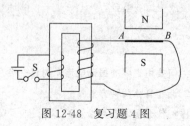

图 12-48　复习题 4 图

5. 如图 12-49 所示,导线 ab 在匀强磁场中按 v 的方向分别做匀速运动、加速运动时,L_1 和 L_2 两线圈中有无感应电流? 方向怎样?

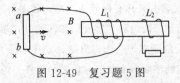

图 12-49　复习题 5 图

6. 如图 12-50 所示,当闭合开关 S 时,确定导线 CD 中感应电流的方向。

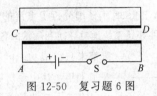

图 12-50　复习题 6 图

7. 如图 12-51 所示,在磁感强度为 0.2T 的匀强磁场中,有一竖直金属框 ABCD,上面接一个长度为 0.3m 的金属丝 ab,已知金属丝的质量为 0.4g,电阻是 0.1Ω,金属丝由于重力作用而下落。问:①这时方框中的感应电流的方向如何? ②金属丝匀速下降的速度是多少? (不计金属框的电阻和 ab 下降的摩擦力,并设 ABCD 金属框有无限长)。

8. 自感系数为 50 mH 的线圈接入按图 12-52 所示变化的电流。求各变化阶段线圈产生的自感电动势的大小。

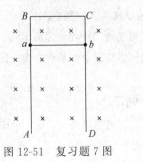

图 12-51　复习题 7 图

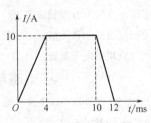

图 12-52　复习题 8 图

一、电磁感应现象的发现

1820 年奥斯特发现电流具有磁效应以后，很多科学家就提出了"磁"能否产生"电"的问题。法国科学家安培和菲涅耳，瑞士科学家德拉里夫和科拉顿等都做了大量研究，均未得出结论。其中最为可惜的是科拉顿。科拉顿曾做了一个大的线圈，准备了一块强的磁铁。为了防止移动磁铁时对电流计产生影响，他专门把电流计放在另一房间内。当磁铁插入线圈后，他立即走向放置电流计的房子，观察电流计读数，但他始终未能看到指针的变化。难道指针真的没有动吗？

英国科学家法拉第于 1821 年仔细分析了电流的磁效应后，就提出了"转磁为电"的设想，并开始系统地对导线和磁铁的各种组合进行试验，结果都未获得成功。但他不畏困难，顽强奋斗了十年，其中经历了无数次失败，直到 1831 年 8 月，法拉第将两组线圈绕在一个铁环两边，把其中一个线圈 B 与电流计相连，线圈 A 与电池和开关组成闭合电路，如图 12-53 所示，他发现，当线圈 A 中的

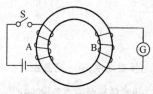

图 12-53　法拉第实验图

电流接通与断开时，电流计指针发生了偏转，表明线圈 B 中有电流产生。法拉第发现，实验中的铁环并不是必需的。取走铁环，再做这个实验，同样会在线圈 B 中产生电流，只是电流弱一些。

法拉第并不满足已取得的成功，于 1831 年 10 月，他又用硬纸做成空心圆筒，在纸筒外绕上许多匝铜导线后接上电流计，当用条形磁铁插入纸筒时，电流计指针摆动了，"转磁为电"的设想也终于实现了。

为了进一步研究电磁感应现象，法拉第还做了许许多多的实验，并归纳了产生感应电流的各种情况。法拉第电磁感应现象的发现，为电能的大规模生产与应用奠定了基础。

二、磁悬浮列车

在 2002 年 12 月，中国上海开通了第一列磁悬浮列车，这在中国现代铁路运输史上增添了光辉的一页。什么是磁悬浮列车呢？

磁悬浮列车的原理是利用磁场作用将列车悬浮起来，以避免车轮与铁

轨之间的摩擦力。它具有动力消耗少，运行速度高，颠簸和噪声都很小的优点。

磁悬浮列车的轨道用一连串矩形环制成。列车下部有多组线圈，接通电源后，线圈产生磁场。当列车前进时，磁感线与轨道铝环相切，使环中产生的磁场与车上产生的磁场方向相反，磁场力能使列车悬浮。如果车下部的线圈是超导体材料制成，接通电源后，就会产生很强的磁场，形成很强的磁悬浮力。

中国上海已开通的磁悬浮列车，行驶速度可达每小时五百多公里，坐在上面有一种"行车如飞"的感觉，读者有机会不妨去体会一下。

第四篇

光　学

第十三章　光学基础知识

学习指南

本章研究几何光学的基本定律——光的反射和折射规律，介绍常见的光学仪器，研究光的波动理论和电磁学说，光谱分析和光的波粒二象性。

第一节　光的反射和折射

当照镜时看到平面镜中的"自己"，是否怀疑过镜中的像果真与本身一模一样？若曾有过，通过下面的学习，这种怀疑就烟消云散了。

光在均匀介质中是沿直线传播的。当光从一种介质传播到另一种介质时，在两种介质的分界面上，一部分光返回原来介质，这种现象叫做**光的反射**；一部分光折射入另一介质，这种现象叫做**光的折射**。利用如图 13-1 所示的

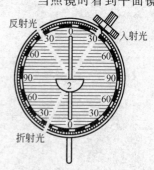

图 13-1　光具盘

150

光具盘做实验，将会发现，反射光、折射光的方向都随入射光的方向改变。那么，光的反射和折射过程中是否遵循一定的规律呢？

一、反射定律

1. 反射定律

初中已学过，光在两种介质分界面上发生反射时遵循下面的规律：

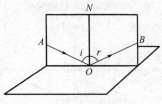

图 13-2　反射角等于入射角

反射光线与入射光线和法线在同一平面上，反射光线和入射光线分别位于法线两侧，且反射角等于入射角（如图 13-2 所示）。这就是**反射定律**。

实验表明，如果让光逆着原来反射光的方向投射到界面上，那它就要逆着原来入射光的方向反射出去。可见，在光的反射现象中，光路是可逆的。同样，在光的折射现象中，光路也是可逆的。

2. 镜面反射和漫反射

有一些物体的表面，如镜面、高度抛光的金属表面、平静的水面等，它们受到平行光的照射时，反射光也是平行的，如图 13-3 所示，这种反射称为**镜面反射**。所以，在镜面反射中，反射光向着一个方向，其他方向上没有反射光线。

大多数物体的表面是粗糙的，不光滑的，即使受到平行光的照射，也向各个方向反射光（如图 13-4 所示）。这种反射称为**漫反射**。借助于漫反射，人们才能从各个方向看到被照明的物体，把它与周围的物体区别开来。

3. 平面镜

日常生活里用的镜子，表面是平的，叫做平面镜。平面镜成

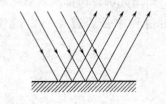

图 13-3 镜面反射

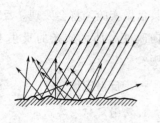

图 13-4 漫反射

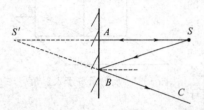

图 13-5 平面镜的光路图

像的特点是：像既不放大，也不缩小，总是正立的虚像，且像与物对于平面镜是对称的。

如图 13-5 所示，就是根据反射定律和数学知识作出的平面镜成像的光路图。从图可以看出像 S' 不是实际反射光线的会聚点，而是反射光线的延长线的相交点，好像在镜子后面 S' 处有一发光点，但实际上不存在，所以这个像是**虚像**。像 S' 与光源 S 是对称的。

4.光的放大作用

反射定律在实践中有着广泛的应用，下面介绍光的放大作用和镜式检流计的读数原理。

如图 13-6 所示，保持入射光方向不变，将平面镜以 O 为轴转动一个角度 δ，根据光的反射定律，入射角增大 δ 角度，反射角也增大 δ 角度，因此反射光将扫过 2δ 角度。如果标尺放得足够远，则平面镜的微小转动能引起反射光Ⅲ在标尺上很大的偏移。这就是光的放大作用。

如图 13-7 所示是镜式检流计的构

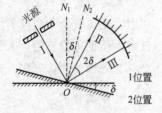

图 13-6 光的放大作用

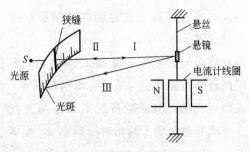

图 13-7　镜式检流计

造。当电流计线圈中无电流时，由 S 射来的光线Ⅰ被悬镜按原方向反射回去（反射光线Ⅱ）。当线圈中有电流时，线圈和悬镜发生偏转，反射光线Ⅲ就发生偏移，利用光的放大作用，根据光斑在刻度上的偏移，就可以测量出通过线圈的微小电流。

二、折射定律

1. 折射定律

人们经过反复实验发现，光在发生折射时遵循以下规律：折射光线和入射光线与通过入射点的法线在同一平面上，折射光线和入射光线分居于法线的两侧（如图 13-8 所示）；且入射角（α）的正弦与折射角（γ）的正弦之比，对于任意给定的两种介质来说，是一个常数，这就是**折射定律**。

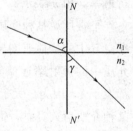

图 13-8　入射与折射光线

2. 折射率

当光从介质Ⅰ进入介质Ⅱ时，入射角（α）的正弦与折射角（γ）的正弦之比，称为另一种介质相对这种介质的**折射率**。用 n_{21} 表示，即

$$n_{21} = \frac{\sin\alpha}{\sin\gamma} \tag{13-1}$$

折射率表示光通过两种介质界面时的偏折程度。折射率越大，光偏折得越厉害。

对某两种介质而言，实验发现 $\sin\alpha / \sin\gamma$ 是一常数，如真空与水；对不同两种介质如真空与玻璃、水与玻璃等，此常数各不同；由光的波动说得知：介质的折射率 n 还与光在其中的传播速度 v 有关。介质 II 对介质 I 的相对折射率 n_{21} 也等于光在介质 I 中的速度 v_1 和光在介质 II 中的速度 v_2 之比。即

$$n_{21} = \frac{v_1}{v_2} \qquad (13\text{-}2)$$

若光从真空射入某种介质，而光在该介质中的传播速度为 v，则

$$n = \frac{c}{v} \qquad (13\text{-}3)$$

这就是该介质相对真空的折射率，叫做**绝对折射率**，简称介质的**折射率**，用 n 表示。

平常所说某种介质的折射率就是指其相对真空的折射率。光在空气中的传播速度与真空中的速度相差很小，故光从空气射入介质中的折射率近似等于光从真空射入介质的折射率。这里 n 都大于 1，因为 c 大于 v，即 $\sin\alpha$ 大于 $\sin\gamma$；见表 13-1。若光从某种介质射入真空，折射角（γ）大于入射角（α）。

表 13-1　几种介质的折射率

介　质	折 射 率	介　质	折 射 率
金刚石	2.42	岩　盐	1.55
二硫化碳	1.63	酒　精	1.36
玻璃	1.5~1.9	水	1.33
水晶	1.55	空　气	1.00028

【例题 13-1】　已知光在水中传播速度为 $2.3 \times 10^8\,\text{m/s}$，在玻璃中的传播速度为 $1.97 \times 10^8\,\text{m/s}$，分别求水和玻璃的绝对折射

率和水相对玻璃的折射率？（$c = 3.0 \times 10^8$ m/s）

解 已知 $v_水 = 2.3 \times 10^8$ m/s $\quad v_{玻璃} = 1.97 \times 10^8$ m/s

$c = 3.0 \times 10^8$ m/s

求 $\quad n_水 = ? \quad n_{玻璃} = ? \quad n_{水,玻璃} = ?$

由 $n = \dfrac{c}{v}$ 有

$$n_水 = \frac{c}{v_水} = \frac{3.0 \times 10^8}{2.3 \times 10^8} = 1.33$$

$$n_{玻璃} = \frac{c}{v_{玻璃}} = \frac{3.0 \times 10^8}{1.97 \times 10^8} = 1.52$$

由 $n_{21} = \dfrac{v_1}{v_2}$ 有

$$n_{水,玻璃} = \frac{v_{玻璃}}{v_水} = \frac{1.97 \times 10^8}{2.3 \times 10^8} = 0.875$$

答 水和玻璃的绝对折射率分别为 1.33 和 1.52；水对玻璃的折射率为 0.875。

三、全反射

由前述可知，光射到两种介质的界面时将同时发生反射和折射现象，有只反射而没有折射的情况吗？如图 13-9 所示用玻璃砖和激光器来做实验发现，当入射角增大到某一角度时，从玻璃砖这边入射后折射进入空气的光线就消失了（折射角等于 90°），只剩下反射回玻璃砖的光线，这就是下面要介绍的全反射现象。

图 13-9 光从光密介质进入光疏介质

1. 全反射

入射光线在媒质界面上被全部反射出去的现象，叫做**全反射**。折射角等于 90°时的入射角，叫做**临界角**。

什么情况下才能发生全反射现象呢？分析折射率公式 $n_{21}=\sinα/\sinγ=v_1/v_2$ 知，要发生全反射现象，折射角必大于入射角，也即光线必须从传播速度小的介质射入传播速度大的介质。光在其中传播速度较大的介质，即折射率小的介质（因为 $n=c/v$），称为光疏介质；光在其中传播速度较小的介质，即折射率大的介质，称为光密介质。故发生全反射现象的条件是：

① 光从光密介质射入光疏介质；

② 入射角等于或大于临界角。

2. 临界角的计算

当光从介质进入真空或空气时，临界角的计算：由于临界角 C 是折射角等于 90°时的入射角，根据折射定律可得

$$\frac{\sin C}{\sin 90°}=\frac{1}{n}\quad 故\ \sin C=\frac{1}{n}\qquad(13\text{-}4)$$

从折射率表中查出物质的折射率，就可以由上式求出光从这种介质射到它与空气（或真空）的界面上时临界角的大小。例如，用这种方法可求出水的临界角为 48.5°，各种玻璃的临界角为 30°～40°，金刚石的临界角为 24.5°。

全反射现象是自然界里常见的现象。如水中或玻璃中的气泡，看起来特别明亮，就是由于一部分光射到气泡界面上时发生了全反射的缘故。

3. 光导纤维

全反射现象的一个重要的应用就是用光导纤维来传光、传像。光导纤维是用纯度极高的石英玻璃拉制成的极细纤维，简称**光纤**。光导纤维的直径只有几微米到一百微米左右，比头发丝还细。它由芯线和包层组成，芯线的折射率（为 1.8 左右）比包层的折射率（为 1.4 左右）大得多。当光在芯线中传播时，在芯线和包层界面上发生全反射，使光在弯曲的光导纤维内经多次全

反射而传输到另一端，如图 13-10 所示。

如果把许多有序排列的光导纤维聚集成束，就可以用来传递图像，如图 13-11 所示。工业和医学上用光导纤维束制成的内窥镜，可以对机械内部或人体内部器官进行检查和诊断。

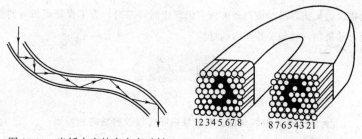

图 13-10 光纤中光的多次全反射　　　图 13-11 光导纤维束

目前光导纤维的主要应用是通讯领域。人们把要传送的电信号调制到光波上，让光载着信号沿光纤传送出去，接收端的光接收机把收到的信号通过光检测器再变换成电信号，就可实现光纤通讯。光纤通讯有很多优点，如对信息的传输能力强，传输的信息量很大。与金属电缆相比，光导纤维具有尺寸小、质量轻、寿命长、抗干扰、原材料资源丰富、价格低廉等许多优点。现在光纤通讯在通讯干路中得到了广泛应用。

车窗玻璃中的光学

1. 小轿车前边的车窗玻璃为何要做成倾斜的

由于车窗玻璃对光线有镜面反射作用，若挡风玻璃是竖直的，则它对车内乘客所反射的映像与车前方行人的高度差不多，从而会干扰驾驶员的视觉判断，容易导致安全事故。只有挡风玻璃做成倾斜的，它对乘客所成的映像才不会显现在驾驶员的视线范围内，驾驶员看不到车内人的映像，视觉就不会受到干扰，从而得以保证行车安全。大型汽车一般很高，驾驶员的位置（视线）比路面行人要高些，车内乘客的成像位置比路上行人高得多，且比较暗淡，因而挡风玻璃不做成倾斜的也不会影响驾驶员的视觉判断。

2. 为何夜间行车时车内不能亮灯

当夜间行车而车内开灯时，汽车的挡风玻璃相当于一个平面镜，车内人、物在挡风玻璃的反射下会在车前方形成虚像，由于车内光线比外面强，所以成像可能比车前行人还要明显，使司机看不清前方实际物体，产生视觉错误，从而容易酿成交通事故。因此夜间行车时，为了保证司机看清路面上的景物，必须关掉车内的灯！

习　题

1. 请解释下列现象：

① 为什么在光滑的桌面上蒙一块白布可以改善室内的照明？

② 电影院的银幕为什么不用镜面？

③ 晚上在灯下读书，如果书的纸面很光滑，有时会看到纸面上发出刺眼的光泽，感到很不舒服。为什么会出现这种现象，怎样消除它？

2. 光从空气进入玻璃，当入射角为 30° 时，折射角为 20°。求玻璃对空气的相对折射率？光在这种玻璃中的速度是多大？（$v_空 = 3 \times 10^5 \, km/s$）

3. 光从空气射入某介质，入射角为 60°，此时反射光线恰好与折射光线垂直，求介质的折射率，并画出光路图。

4. 光由酒精和水晶进入空气里的临界角各是多大？（酒精和水晶的折射率见表 13-1）

5. 一个点光源放在水面下，夜晚观看时，平静的水面被其照亮的范围是一个直径为 5m 的圆。求光源在水下的深度。（水的折射率为 4/3）

第二节　棱镜、透镜和透镜成像作图法

见过潜望镜吗？为何通过潜望镜能从海底看到海面的景物呢？这就与下面所学的棱镜有关。

一、棱镜

1. 棱镜

棱镜是指折射表面成一定的角度的透明体。最常见的是

三棱镜，横截面是三角形的棱
镜就是**三棱镜**，如图 13-12 所
示。三棱镜的两个折射平面的
夹角称为**顶角**（如图 13-12 中
的 $\angle A$），与顶角相对的表面
称为**底面**（图 13-12 中 BC 边
所在表面为底面）。

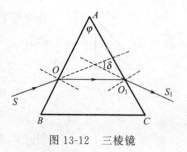

图 13-12　三棱镜

SO 光线从空气射入棱镜后，由于相对于周围空气而言棱镜
为光密介质，根据折射定律可知，光线将向着棱镜的底面偏折。
入射光线 SO 和折射光线 O_1S_1 的夹角 δ 叫做**偏向角**。

如果透过棱镜看到一个物体，就会看到此物体实际位置向顶
角方向偏移的虚像。

2. 全反射棱镜

横截面是等腰直角三角形的三棱镜又叫**全反射棱镜**。如图
13-13 所示，为光线分别从直角面垂直射入和斜面垂直射入的情
况，光线方向刚好改变 90° 和 180°。光学仪器中常用全反射棱镜
来改变光路，如潜望镜就是利用两个全反射棱镜来实现光路改变
的，如图 13-14 所示。

使用全反射棱镜，可以使光反射效率几乎达到百分之百，
而平面镜对光线不能全部反射，使反射光的强度削弱。所以，利

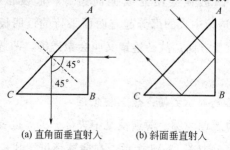

(a) 直角面垂直射入　　　(b) 斜面垂直射入

图 13-13　全反射棱镜

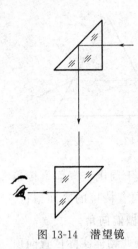

图 13-14　潜望镜

用全反射棱镜来控制光路效果比用平面镜好。

二、透镜

1.透镜

两个面都磨成球面（或一面是球面，另一面是平面）的透明体，叫做**透镜**。其中央比边缘厚的透镜，叫做**凸透镜**；而边缘比中央厚的透镜，叫做**凹透镜**，如图 13-15 所示。

凸透镜可以设想为底面朝向透镜中央的许多棱镜的集合体，而凹透镜可以

图 13-15　透镜

1—双凸透镜；2—平凸透镜；3—凹凸透镜；

4—双凹透镜；5—平凹透镜；6—凸凹透镜

设想为底面朝向边缘的许多棱镜的集合体。由于棱镜会使光线偏向它的底面，所以凸透镜会使光线偏向中央，起会聚作用，如图 13-16 所示，凹透镜会使光线偏向边缘，起发散作用，如图 13-17 所示。透镜中央的部分起着两面平行的透明板的作用，它不会使光线改变方向。故凸透镜又叫**会聚透镜**，凹透镜又叫**发散透镜**。

2.透镜的光心、主轴、焦点和焦距

下面以薄透镜为例。薄透镜是中央部分的厚度要比球的半径小得多的透镜。如图 13-18 所示，在薄透镜里，凡是通过 O 点的光线都不改变原来的传播方向，这点叫透镜的**光心**，用 O 表示。

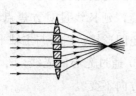

图 13-16　光线的会聚

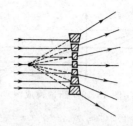

图 13-17　光线的发散

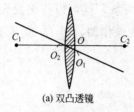

(a) 双凸透镜

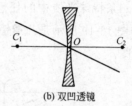

(b) 双凹透镜

图 13-18　两种薄透镜的光心、主光轴

通过光心 O 的所有直线都称为透镜的**光轴**。通过透镜两个球面的中心 C_1、C_2 的光轴，称为**主光轴**，简称为**主轴**。

平行于主轴的光线，经过凸透镜后会聚于主轴上的一点，这个点叫做透镜的**焦点**。平行于主轴的光线经过凹透镜后被发散，这些发散光线向反方向延长时会交于一点，这个点叫做凹透镜的**虚焦点**。透镜的焦点与光心的距离叫做**焦距**，用"f"表示。

三、透镜成像作图法

对于近轴光线对透镜所成的像，可以用几何作图法求得。当发光点不在主轴上时可利用下列三条光线中的任意两条即可得到发光点的像。

1.凸透镜和凹透镜的三条特殊光线

① 凸透镜，跟主轴平行的光线，经凸透镜折射后过焦点；凹透镜，跟主轴平行的光线，经凹透镜折射后光线的反向延长线过焦点。

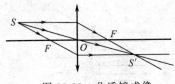

图 13-19　凸透镜成像

② 凸透镜，通过焦点的光线，经凸透镜折射后与主轴平行；凹透镜，延长线过对方焦点的光线，经凹透镜折射后与主轴平行。

③ 通过光心的光线，经过透镜后方向不变。

2.作图法

应用三条特殊光线中的任意两条，就可以作出发光点 S 的像 S'。如图 13-19 所示是凸透镜成像作图，图 13-20 所示是凹透镜成像作图。

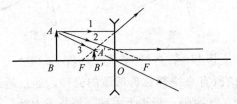

图 13-20　凹透镜成像

物体是由许许多多的点组成，物体上每一点都有自己的像，这些像点组合起来就是物体的像。若是直线物体，作出两端点的像就行了。

【例题 13-2】　如图 13-21 所示，作出 AB 通过凸透镜所成的像。

由于 AB 是与主轴垂直的直线物体，且 B 端在主轴上，AB 的像 $A'B'$ 必与主轴垂直，B' 也在主轴上，故只要作出 A 点通过凸透镜所成的像 A'，过 A' 作主轴的垂线 $A'B'$ 即可。如图 13-22 所示。

四、透镜成像规律

物到光心的距离叫**物距**，用 u 表示。像到光心的距离叫**像距**，用 v 表示。通过实验和透镜成像作图法可得出下列规律。

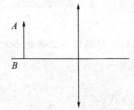

图 13-21 例题 13-2 图

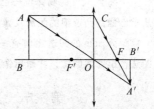

图 13-22 *AB* 通过凸透镜所成的像

（1）凸透镜成像规律 $u>2f$ 时，成倒立缩小的实像，$f<v<2f$；$u=2f$ 时，成倒立等大的实像，$v=2f$；$f<u<2f$ 时，成倒立放大的实像，$v>2f$；$u=f$ 时，不成像（物体发出的光通过凸透镜折射后是平行光）；$u<f$ 时，成正立放大的虚像。

（2）凹透镜成像规律 无论物距如何，物体发出的光线经凹透镜后总是发散的，所以只能得到虚像，且这种虚像是正立的、缩小的。缩小的虚像是凸透镜所不能形成的，因而可弥补凸透镜的不足。有时人们把凸凹透镜合理配置，组成透镜组，以满足成像要求。

（3）虚、实像的特点 实像总是倒立的，与物分别位于透镜的两侧；虚像总是正立的，与物位于透镜的同侧。凸透镜成的虚像是放大的，凹透镜成的虚像是缩小的。

习 题

1. 填空题

（1）已知凸透镜的焦距 $f=10\mathrm{cm}$，如果把物体放在离透镜 25cm 的地方，则在光屏上会得到一个_____的_____像。

（2）人们使用的放大镜是利用物体到凸透镜的距离_____成正立的、放大的虚像的原理工作。

（3）如果要得到一个放大的实像应把物体放在_____与_____之间，如果要得到一个放大的虚像应把物体放在_____之内。

2. 用什么方法可以粗略地测出凸透镜的焦距？

3. 用一个点光源和凸透镜怎样能得到平行光？

4. 一个高为 1cm 的物体位于凸透镜前 3cm，凸透镜的焦距为 2cm，用作图法求出像到凸透镜的距离及像的长度。

5. 焦距为 3cm 的凹透镜前有一高 2cm 的物体，物到镜的距离为 6cm，用作图法作出物体的像，并量出像到镜的距离及像长。

第三节　透镜成像公式

物体经透镜成像时，物距 u、像距 v 和焦距 f 三者之间的关系是否可以用公式表达出来呢？

一、透镜成像公式

在图 13-23 中，以凸透镜为例，根据光路图中的几何关系导出透镜成像公式。图中 AB 是物体，A_1B_1 是它的像。从图 13-23 中可以看出，$\triangle COF' \backsim \triangle A_1B_1F'$.

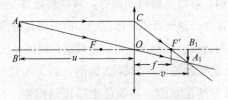

图 13-23　由作图法推导透镜成像公式

则
$$\frac{CO}{A'B'} = \frac{OF'}{B_1F'}$$

$\triangle ABO \backsim \triangle A_1B_1O$ 则

$$\frac{AB}{A_1B_1} = \frac{BO}{B_1O}$$

而
$$CO = AB$$

$$\frac{OF'}{B_1F'} = \frac{BO}{B_1O} \quad \text{又} \quad OF' = f$$

$$B_1F' = v - f \quad BO = u \quad B_1O = v$$

于是 $\dfrac{f}{v-f} = \dfrac{u}{v}$，化简得　$fv + fu = uv$

等式两边用 uvf 去除就有 $\dfrac{1}{u}+\dfrac{1}{v}=\dfrac{1}{f}$ (13-5)

可以证明，式（13-5）也适用于凹透镜成像。

在运用透镜成像的公式时，需要注意：凸透镜的焦距 f 取正值，凹透镜的焦距 f 取负值；物体到透镜的距离，即物距 u 始终取正值；实像的像距 v 取正值，虚像的像距 v 则取负值。

二、像的放大率

透镜所成的像跟物体相比，可以是放大或缩小的，也可以跟物体大小相等。为了说明像的放大情况，将像的长度 A_1B_1 与物的长度 AB 比值，叫做**像的放大率**。通常用 K 表示。由图 13-23 可证明 $K=A_1B_1/AB=v/u$，

故 $$K=\dfrac{|v|}{u}$$ (13-6)

已知了像距 v 与物距 u，就可根据上式计算像的放大率，根据定义，像的放大率应始终为正值。

【例题 13-3】 凹透镜的焦距是 0.5m，今将一物体放在离透镜 1.5m 远处，求像距和像的放大率。

解 已知 $u=1.5\text{m}$ $f=-0.5\text{m}$

求 $v=?$ $K=?$

由 $\dfrac{1}{u}+\dfrac{1}{v}=\dfrac{1}{f}$ 有 $v=\dfrac{fu}{u-f}=\dfrac{(-0.5)\times 1.5}{1.5-(-0.5)}=-0.375\text{m}$

而 $$K=\dfrac{|v|}{u}=\dfrac{0.375}{1.5}=0.25$$

答：像距为 -0.375m，负号说明所成像为虚像；像的放大率为 0.25。

习 题

1. 某透镜所成正立像的长度是物体的 5 倍，已知像与物体相距 16 厘米，求该透镜的焦距.

2. 一物体放在透镜前 20cm 处恰能成放大率为 3 的像，则该透镜的焦距可能为（　　）。

    A. 15cm   B. 30cm   C. - 15cm   D. - 30cm

3. 有一个凸透镜，一物体放在镜前某处时，可得到放大 6 倍的像，若将物体向透镜移动 2cm 时，可得到放大 3 倍的像，求该凸透镜的焦距。

4. 物体放在距透镜 40cm 处，生成的像距透镜 15 cm，如果物体高为 8cm，求该透镜的焦距和像的长度。

5. 物体 AB 位于离凹透镜 15cm 处，凹透镜的焦距是 7.5cm，像距是多大？像的放大率是多大？

*第四节　光学仪器

以下讨论放大镜、显微镜、望远镜和照相机的结构原理。

一、眼睛

（1）视角和明视距离　眼睛是人的一个光学元件，相当于一个凸透镜，如图 13-24 所示，从物体射来的光经眼睛的晶状体折射后，在视网膜上形成一个倒立缩小的实像刺激视网膜上感光细胞，通过视神经传递给大脑，使人们看到了物体。

人眼视网膜的位置是一定的，而正常人既能看远处物体，又能看近处物体，那么对远近不同的物体，怎么能保证在视网膜上成清晰的像呢？

通过睫状肌去改变晶状体表面的弯曲程度，即改变焦距 f，这种作用叫做眼睛的调节作用。

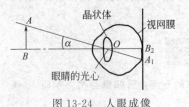

图 13-24　人眼成像

由经验和实验知道：要看清一个物体，是跟视角有关系的。**视角**就是由眼的光心向物体两端所引的两条直线的夹角。如图 13-24 中 α 角就是视角。

从图 13-25 可以看出，同一物体 AB，离眼睛近时，视角 α_1 大，成在视网膜上的像 A_1B_1 也大；离眼睛远时，视角 α_2 小，成在视网膜上的像 A_2B_2 也小。可见，增大视角的方法，是把物体移近眼睛。但移近眼睛又有一定限度，移得太近，眼睛需要高度调节，这样眼睛很快就感到疲倦。使眼睛既能看清物体，又不感到疲倦的最近距离，叫做**明视距离**。对于正常眼睛，这个距离一般为 25cm。

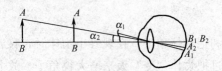

图 13-25 视角与成像大小的关系

经验指出，视角若小于 $1'$，就不能看清物体。视角越大，看起物体来越清楚。在明视距离处，大小为 0.1mm 的物体的视角大约是 $1'$。

晶状体表面弯曲程度最小（晶状体变得最扁，即焦距 f 最大）时，能够看到的最远点，称为人眼的**远点**。正常眼睛的最远点是无穷远处。晶状体表面弯曲程度最大（晶状体变得最凸，即焦距 f 最小）时，能看清的**最近点**，称为人眼的**近点**。正常人的眼睛的近点是在离眼睛约 10cm 的地方。

（2）近视眼和远视眼　如果视网膜距晶状体过远，或者晶状体比正常眼睛的凸一些，从无穷远处射来的平行光线不能聚在视网膜上，而在视网膜前，这种眼睛称为**近视眼**。矫正应配凹透镜，如图 13-26 所示。

如果视网膜距晶状体过近，或者晶状体比正常眼的扁些，平行光的会聚点在视网膜后，这种眼睛称为**远视眼**。矫正应配凸透镜。如图 13-27 所示。

由前知，要看清物体，就需增大视角，而增大视角的方法是

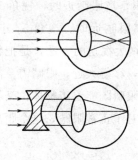

图 13-26 近视眼

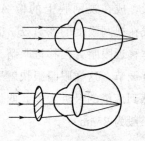

图 13-27 远视眼

把物体变大和把物体移近。在观察小物体时，移近物体也是有限的，只有通过把物体"变"大来增大视角了。放大镜和显微镜就是起此作用的。

二、放大镜

用来观察小物体的凸透镜，叫做**放大镜**。使用放大镜看物体时应将透镜靠近眼睛，把物体置于透镜焦点之内，调整物体的位

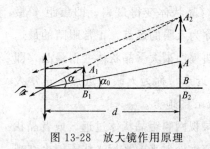

图 13-28 放大镜作用原理

置，使它在明视距离处成一正立、放大的虚像，如图 13-28 所示。由图可知：由眼睛直接观察明视距离处的物体 AB 时，视角为 α_0；当用放大镜观察时，视角为 α。显然，α 大于 α_0。由于视角增大，较小的物体看清了。

用光学仪器观察时的视角 α 和直接用肉眼观察时的视角 α_0 之比称为仪器的**角放大倍数**，用 M 表示，则

$$M = \frac{\alpha}{\alpha_0} \qquad (13\text{-}7)$$

可以证明，放大镜的角放大率约等于明视距离与透镜的焦距

之比。即

$$M = \frac{d}{f} \tag{13-8}$$

通常所用放大镜焦距 f 约在 $1\sim10$ cm 之间，而 $d=25$cm，所以放大镜的角放大倍数在 2.5 倍到 25 倍之间。

放大镜的放大倍数较低，且存在像差。要观察细菌、动植物的细胞组织、金属的结构等非常细微的物体时，就需要用放大倍数更高的显微镜。

三、显微镜

用来观察微小物体的光学仪器，叫做**显微镜**。如图 13-29 所示是显微镜的外形。

最简单的显微镜由一组物镜 O_1 和一组目镜 O_2（都是凸透镜）组成，并且物镜和目镜两者的主轴重合在一起。目镜的焦距很短，物镜焦距更短。把物体 AB 放在物镜的焦距以外，非常靠近焦点的地方，物镜作用是得到放大的实像 A_1B_1；调节显微镜筒的长度，使像 A_1B_1 成于目镜的焦点以内，非常靠近焦点的地方。这样，目镜作用是把物镜成的实像作为物体，在明视距离处得到放大了的

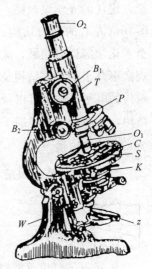

图 13-29　显微镜

虚像 A_2B_2。这个虚像 A_2B_2 就是 AB 经过两次放大后的像。如图 13-30 所示。

显微镜放大倍数 $M=$ 物镜倍数 $k_1\times$ 目镜倍数 k_2。故显微镜配备有不同倍数的物镜和目镜，使用时，据观察的需要选择不同倍数的物镜和目镜，物镜的放大倍数乘以目镜的放大倍数，就是显微镜的放大倍数。

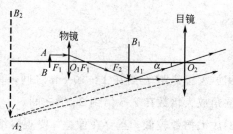

图 13-30　显微镜成像光路图

显微镜的发明，使人们对自然界的认识有了一个极大的飞跃，现代的光学显微镜，其放大率最高能达到 3000 倍，能看清 0.1μm 左右的细微结构。因此，它被广泛用于生物、医学、冶金、化学等许多领域，成为研究现代科学技术的重要工具。为了观察更微小的晶体结构及分子结构，1934 年出现了电子显微镜。现代的电子显微镜可以帮助人们看清大小为 10^{-10} m 左右的精细结构，从而进一步提高了人们观察自然界的能力。

四、照相机

照相机的构造与眼睛相似，它的主要部件有：镜头（会聚透镜）、暗箱和感光片，各相当于

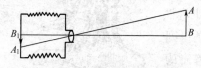

图 13-31　照相机成像光路图

眼睛的晶状体、眼球和视网膜。照相机所成的像是倒立、缩小的实像，所以，物距应大于焦距的 2 倍，如图 13-31 所示。

照相机在拍摄远近不同的景物时，要调节暗箱的长短（或旋动镜头），以便使像能清晰地成在感光片上。

照相机镜头上装有光阑，又叫**光圈**。调节光圈的大小，可以改变进入相机光的强弱。光强时要缩小光圈，光弱时要放大光圈。

照相机上还装有快门，它是照相机进光的闸门，用它来控制拍照时曝光时间的长短；光强或拍摄活动景物时，曝光时间应

短；光弱时，曝光时间应长。只有将快门和光圈配合使用，才能达到较好的拍摄效果。

感光后的底片通过显影、定影等化学处理，就可以洗印出照片。随着科学技术的进步，近年来诞生了数码相机，它与传统的相机有很大的不同，其功能十分强大。

课外小实验：自制透镜实验

1. 水杯透镜

盛满了清水的玻璃杯就是一个透镜。玻璃杯的侧面使水形成一个弯曲的表面，这很像一个中间厚、边缘薄的凸透镜（实际上是圆柱形透镜）。水杯透镜可以像放大镜一样把东西放大。我们通过水杯透镜来观察一页书，把书页紧贴在水杯的侧壁上，透过水杯，就会发现书上的字被放大了。

2. 水滴透镜

在桌子上放两支铅笔，它们之间的距离约为四厘米。在两支铅笔下面铺上一张人民币作为我们观察的对象。把一块无色透明的塑料薄膜盖在两支铅笔上。用一支干净的毛笔沾一些水，小心地把一个水滴滴在塑料薄膜上（水滴的直径约为 4～5mm）。透过水滴可以看到钞票上的一些细小的图案都被放得很大，这说明水滴是一个放大倍数很高的透镜。水滴的直径越小，凸度就越大。你可以在透明的塑料薄膜上，分别滴上几个直径不一样的水滴，来看看放大倍数和透镜的凸度的关系。可以发现，凸度很大的水滴虽然放大倍数变大了，但是观察到的像却大大变形了，而且能看清楚的范围很小，必须非常靠近它才能看清。

习　题

1. 试画出显微镜的光路图。

2. 某放大镜的焦距是 2.5cm，求它的角放大率是多大？

3. 光学仪器可分为成实像和成虚像两类，放大镜、显微镜、照相机、望远镜各属于哪一类？

4. 一个人身高 1.8m，现用焦距为 5cm 的相机给其拍全身照，要使其在胶卷上的像长为 3.6cm，该人应站在离镜头多远处？

第五节　光的干涉和衍射

光的本性究竟是什么呢？人类对光的本性的认识，经历了漫长而曲折的道路，到了 17 世纪，形成了两种学说：一种是以牛顿为代表的微粒说，认为光是从发光体发出的以一定速度传播的微粒；另一种是以惠更斯为代表的波动说，认为光是某种振动，以波的形式向周围传播。

光的微粒说和光的波动说在当时各有其成功的一面，但都不能圆满地解释当时知道的各种光现象，由于牛顿在学术界有很高的威望，致使微粒说在一百多年的长时期里一直占据主导地位，波动说发展得很慢。到了 19 世纪初，人们成功地在实验中观察到了光的干涉和衍射现象，这是波的特征，无法用微粒说来解释，于是，波动说得到了公认，光的波动理论也就迅速发展起来。

一、光的干涉

1801 年英国物理学家托马斯·杨成功地观察到了光的干涉现象。

如图 13-32 所示，让太阳光照到一个有小孔的屏上，光从小孔射出来后，再射到第二个屏的两个小孔上，这两个小孔离得很近（例如 0.1mm），而且与前一小孔的距离相等。光若具有波动性，那么任何时刻从前一小孔发出的光会同时到达这两个小孔，这两个小孔就成了两个相干光源。托马斯·杨就这

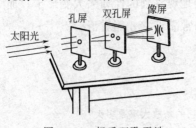

图 13-32　杨氏双孔干涉

样巧妙而简单地解决了相干光源的问题。两个小孔传出的波在屏上叠加时会出现干涉现象：在波峰跟波峰叠加的地方，波谷与波谷叠加的地方，光就互相加强，在波峰和波谷叠加的地方，光就相互抵消或削弱，实验结果是在屏上果然看到了彩色的干涉条纹。

后来，杨氏用狭缝代替小孔，用单色光代替太阳光来做实验，得到更清晰的明暗相间条纹。这就是著名的杨氏干涉实验，如图 13-33 所示是双缝干涉的装置和产生干涉图样的示意图。

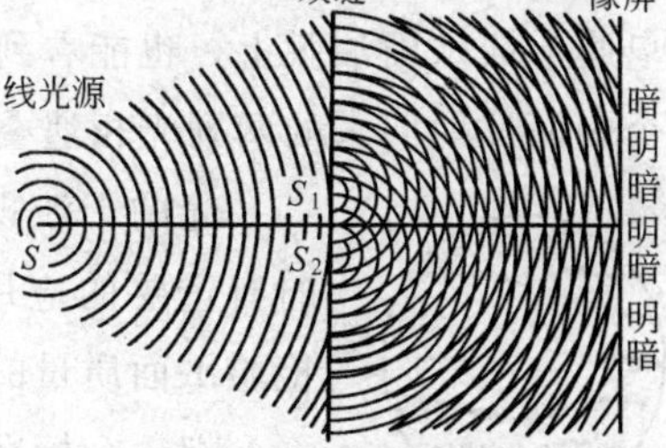

图 13-33　杨氏双缝干涉

以上实验说明：相干光在空间相遇时，在不同的地点产生了稳定的加强或减弱，使相遇空间形成明暗相间的条纹。这种现象叫做**光的干涉**。而干涉现象是波动的主要特性之一，故光的干涉现象证实了光的波动性。

能够产生干涉现象的两列光叫做**相干光**，它们的光源叫做**相干光源**。

用薄膜也可以观察光的干涉现象。在酒精灯火焰里洒上一些氯化钠，便使火焰发出黄色的光。把酒精灯放在金属丝圈上的肥皂液薄膜前，如图 13-34 所示，在薄膜上就可以看到火焰的反射虚像，同时看到像上出现了明暗相间的干涉条纹。干涉条纹形成的原因是，竖立的肥皂液薄膜在重力作用下成了上薄下厚的楔子形状，当酒精灯火焰的光照射到薄膜上时，从膜的前表面和后表面分别反射回来（图中实线表示从前表面反射回来的光波，

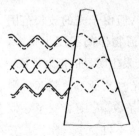

图 13-34　肥皂液薄膜上光的干涉

虚线表示从后表面反射回来的光波），形成两列相干光。在薄膜的某些地方，两表面反射回来的光波恰是波峰与波峰相遇或波谷与波谷相遇，使光波的振动加强，形成明亮的黄色条纹；在另一些地方，两列反射回来的光波恰是波峰与波谷相遇，使光波的振动减弱或抵消，形成暗条纹，这就是**薄膜干涉现象**。

薄膜干涉现象在日常生活中也能看到。例如，太阳光照在肥皂膜上或水面油膜上，也能看到彩色条纹，这就是光线由薄膜两个表面反射回来的两列光相遇叠加时产生的干涉现象。

图 13-35　利用干涉检验平面

光的干涉现象在精密测量和检验产品质量时有重要的应用。下面简单介绍利用干涉现象检验平面质量的原理。

把一个标准玻璃面 A 和被检验的表面 B 叠合起来，并压紧它们的一个边，使它们之间形成楔状的空气薄膜，结果就会出现干涉条纹。如被检验表面很平，干涉条纹将是一直线。如果表面微有凸起或凹下，这些凸起或凹下的地方的干涉条纹就变弯曲，如图 13-35 所示。

利用光的干涉现象，可用于精密测量细丝的直径、薄膜的厚度、光波的波长和材料的折射率等。

二、光的衍射

既然光是一种波，也应该有衍射现象。但由于光的波长范围大约是 $3.9 \times 10^{-7} \sim 7.7 \times 10^{-7}$m，它比普通物体的线度小得多，只有当光通过很小的孔或很窄的缝时，才会发生明显的衍射现象。

如图 13-36 所示，使一束单色光线从光源 S 通过狭缝 K，则在屏 E 上得到亮条 ab。当狭缝 K 缩小，条纹 ab 随着变窄，但是当缝的大小缩到 0.1mm 以下时，ab 亮条不再变窄，相反，它却失去了自己明确的边界而扩大了，其亮度也极不均匀，在屏上出现了一系列明暗相间的条纹。

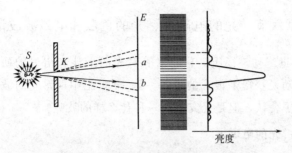

图 13-36　光通过狭缝得到的衍射图样

如果在一束狭窄的单色光的路径上，放一根细长的障碍物（如针或毛发），则屏上也将得到一系列明暗相间的条纹，如图 13-37 所示，如果改用白光做实验，看到的是彩色条纹。若改用小圆孔或小圆板做实验，看到的是明暗或彩色的光环。

图 13-37
明暗相间
的条纹

光波偏离直线路径，绕过障碍物传播的现象，叫做**光的衍射现象**。光衍射时产生的明暗条纹或光环，叫做**衍射图样**。

光的干涉和衍射现象除证明了光具有波动性外，还说明：在光传播的路径上，只有当障碍物的尺寸远大于光波的波长时，光的直线传播定律和几何光学有关定律才是准确的。

习　题

1. 什么是光的干涉现象和衍射现象？为什么说这些现象说明了光具有波动性？

2. 光的干涉现象在什么条件下才能产生？为什么两盏相同的电灯发出的光不能产生干涉现象？

3. 光的衍射现象在什么条件下才能产生？小孔成像与圆孔衍射相矛盾吗？

4. 通过手指缝来观察白炽灯的灯丝，你会看到什么现象？在手指缝前放一块有色玻璃，再来观察上述光源，这次看到的现象跟上次有什么不同？

第六节　光的电磁说、光的色散和电磁波波谱

19 世纪初，杨氏、菲涅尔等对光的干涉和衍射的研究，使光的波动说获得了很大的发展，到 19 世纪中期，光的波动说已经得到了公认。但是光究竟是一种什么样的波呢？

一、光的电磁说

在 1846 年法拉第发现：在磁场作用下，偏振光的振动面会改变。这一现象启示人们把光和电磁现象联系起来考虑。

19 世纪 60 年代，麦克斯韦建立电磁场理论时就预言了电磁波的存在，并指出电磁波是横波，其传播速度等于光速。麦克斯韦根据电磁波与光波的这些相似性指出：**光波是一种电磁波**。这就是**光的电磁说**。

二十多年后，赫兹用实验证实了电磁波的存在，测得电磁波的传播速度确实等于光速，而且电磁波也能产生反射、折射、干涉、衍射等现象，其规律都跟光波的相同。这就从实验上证明了麦克斯韦的光的电磁理论是正确的。

二、光的色散

将一束平行白光投射到三棱镜上，经折射后再投射到光屏上，在光屏上会产生红、橙、黄、绿、蓝、靛、紫七种颜色组成彩色光带。

光带的位置偏离日光的入射方向而朝棱镜底侧偏折。其中，偏折最大的是紫光，偏折最小的是红光，如图 13-38 所示。如果让这七种颜色的光再分别通过另一个三棱镜，将看到各束色光只发生偏折，而不再分解为其他颜色的光。把能够分解成其他颜色的色光叫做**复色**

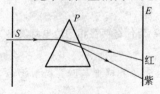

图 13-38　复色光通过三棱镜
后产生色散

光，将不能再分解成其他颜色的光叫做**单色光**。复色光在折射时，不同的色光会按不同的折射角分开，这种现象叫做**光的色散**。复色光经色散后形成按一定次序排列的光带叫做**光谱**。

为何复色光通过棱镜会发生色散呢？这是因为介质的折射率 n 等于光在真空中的速度 c 与光在该介质中的速度 v 之比。各种色光在真空中的速度相同，均为 c。而各种单色光在同一介质中传播速度不同，则它们在同一介质中的折射率就不同。同一介质中，红光传播速度最大，折射率最小，则通过三棱镜偏折也最小，而紫光传播速度最小，折射率最大，偏折程度最大。故白光通过三棱镜色散后单色光排列顺序是红、橙、黄、绿、蓝、靛、紫。平时用白光测得的某一介质的折射率只是一个平均值。

根据光的波动理论，光的颜色是由光波的频率决定的。当某一频率的色光，由一种介质进入另一种介质中时，其频率保持不变，即光的颜色不变，但由于光的传播速度要发生变化，因此光的波长就要改变。表 13-2 列出了各种色光的频率范围和在真空中相应的波长范围。

表 13-2　各种色光的频率范围和波长范围

光谱区域	频率/10^{14} Hz	真空中波长范围/10^{-9} m
红光	3.9～4.8	770～622
橙光	4.8～5.0	622～597
黄光	5.0～5.2	597～577
绿光	5.2～6.1	577～492
蓝光	6.1～6.7	492～455
靛光	6.7～7.0	455～430
紫光	7.0～7.7	430～390

通过对光谱的研究人们还发现，除可见光外，还存在着红外线、紫外线等人眼看不见的射线。

*三、红外线、紫外线、伦琴射线

1. 红外线

1800 年，英国物理学家在用温度计研究光谱里各种色光的热作用时，发现在可见光谱的红光区域外侧仍然具有热作用。这表明在光谱的红光区域外侧还存在一种频率比红光更低的看不见的射线。由于它位于光谱中红光区域的外侧，所以叫做**红外线**。红外线的波长比红光波长更长，其波长范围在 $0.75 \sim 400 \mu m$ 之间。

除太阳外，火焰、电灯、人体、动物等一切物体都能够发射红外线，只是发射的红外线的波长、强度不同而已。

红外线最显著的性质是热效应大，因此又叫**热线**。现代家用电器中使用的各种红外线取暖器就是利用它的热效应。红外线容易被物体吸收转化成内能，使物体温度升高，所以可以利用红外线来加热物体，烘干油漆、谷物以及治疗某些疾病等。红外线的波长比红光长，其衍射现象比较明显，容易透过浓雾或较厚的气层，对一般材料也有一定的穿透能力。利用对红外线敏感的特殊感光底片可以进行远距离摄影和高空摄影，这种摄影不受白天和黑夜的限制。利用灵敏的红外线探测器来接收物体发出的红外线，然后用电子仪器对接收到的信号进行处理，就可以知道被测物体的特征，这种技术叫**红外遥感**。利用这种技术，可以在飞机、卫星上勘测地热，寻找水源，监测森林火情、预报天气、估计农作物的长势与收成。在军事上，利用红外线望远镜、红外线瞄准器、红外线跟踪导弹和红外线夜视仪等，能大大提高军队的战斗力。在民用方面，红外线遥感技术也有大量应用，如彩电、空调等许多家用电器所用的遥感器，就是一种红外线遥感控制器。红外线遥感技术的应用范围极其广泛，目前还在迅速发展中。

2. 紫外线

1801 年，德国科学家里特发现照相底片在紫光外侧被感光，从而肯定了在紫光外侧也存在着看不见的射线，叫做**紫外线**。

一切高温物体，如太阳、弧光灯、气体放电都能发出紫外线。紫外线最显著的性质是荧光作用强，在它的照射下，有些物质会发出可见光，叫做**荧光**，如日光灯就是利用紫外线来使荧光物体发光的。它的另一显著性质是化学效应强，它能使感光纸感光。紫外线还具有生理作用，能杀菌。医院里常用紫外线来消毒病房和手术室。人体适当晒太阳接受紫外线照射，对健康有益，可治疗皮肤病和软骨病等。但太强的紫外线，对人的眼睛和皮肤有害。电焊时必须戴上防护罩并穿好工作服，就是要避免电焊时的紫外线对人体造成伤害。

3.伦琴射线

1895 年，德国物理学家伦琴（1845～1923）发现，高速电子流射到某些固体表面上时，就有一种当时尚未得知的射线从该表面发射出来，人们把它叫 **X 射线**。X 射线是比紫外线频率更高，波长更短的电磁波，为了纪念它的发现者，后来人们又把这种射线叫做**伦琴射线**。

如图 13-39 所示为现代应用的一种产生伦琴射线的装置，叫做**伦琴射线管**。在真空度很高（气压约为 10^{-4}Pa）的玻璃泡内，钨丝 K 作为阴极，用钨或铂制成的电极 P 作为阳极，也叫对阴极。阴极被加热后向周围发射电子，在阳极和阴极之间加上几万

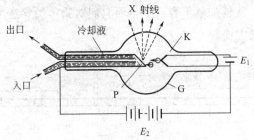

图 13-39　伦琴射线管

伏的电压，阴极发射出的电子在电场力的作用下以很大在速度冲击阳极，就激发出伦琴射线。

伦琴射线穿透物质的本领很大，且穿透物质的强度跟物质的密度有关，在工业上可以用来检查金属部件内部有无砂眼、裂纹等缺陷；在农业、林业、航空安全等许多领域，伦琴射线都有重要的用途。如航空港用以检查旅客行李所用的 X 射线检测装置，从荧光屏上可直接看出行李包内是否携带有违禁物品；在医学上可以用它来透视人体，检查体内的病变和骨折情况，由于伦琴射线还能使照相底片感光，故能拍摄人体透视片。又因为伦琴射线对细胞有破坏作用，大剂量长时间的 X 光照射对人体非常有害，应设法避免。

比伦琴射线频率更高，波长更短的电磁波还有 γ 射线，它是由放射性元素产生的。

四、电磁波谱

无线电波、红外线、可见光、紫外线、伦琴射线、γ 射线按照波长或者频率排列起来，就组成了电磁波谱，如图 13-40 所示。从无线电波到 γ 射线，都是电磁波，它们有着共同的性质。但是，由于它们各自的频率（波长）不同，又表现出不同的特性。例如，波长较长的无线电波，很容易表现出干涉、衍射等现象，但对波长较短的伦琴射线、γ 射线，要观察到它们的干涉、衍射现象，就越来越不容易了，而它们对物体的穿透本领却是随着频率的增大而提高。

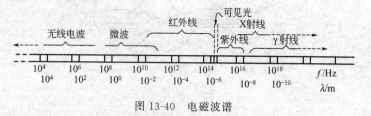

图 13-40　电磁波谱

1. 什么是光的电磁说？

2. 什么是单色光和复色光？白光能发生色散吗？

3. 红外线、紫外线和 X 射线各有什么显著的性质和应用？

4. 人体适当接受紫外线照射有利于健康，为何在炎热的夏天人们还要使用一种防紫外线照射的太阳伞呢？

第七节　光电效应和波粒二象性

光的电磁说使光的波动理论发展到了相当完美的地步。但是，还在赫兹用实验证实光的电磁说的时候，就已经发现了光电效应现象，这种现象用光的电磁说无法解释。那又如何来解释呢？

一、光电效应现象

如图 13-41 所示，把一块擦得很亮的锌板连接在灵敏验电器上，用弧光灯照射锌板，验电器的指针张开一个角度，表示锌板带了电。进一步检查知道锌板带的是正电。这说明在弧光灯的照射下，锌板中有一部分自由电子从表面飞出去，锌板中缺少了电子，于是带正电。

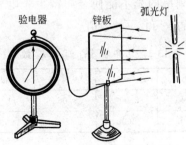

图 13-41　金属板受到射线照射时
有电子逸出

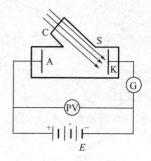

图 13-42 斯托列夫实
验装置示意图

金属及其化合物在光照射下发射电子的现象，叫做**光电效应**。这个现象是德国物理学家赫兹于 1887 年首先发现的。

在 1888 年，俄国物理学家斯托列夫用图 13-42 所示的装置研究了光电效应规律。图中 S 为一个抽成真空的玻璃容器，容器里装有阴极 K 和阳极 A，阴极 K 为一块金属或金属氧化物平板，为了使各种射线能够更好地进入容器照射到阴极板上，在玻璃容器上开有一石英小窗 C，两个电极分别和电流计 G、伏特计 PV 和电池组 E 连接。当阴极板 K 受到单色光照射，从电流计 G 上看到有电流通过；如果把阴极 K 和电源的正极相连，阳极 A 和电源的负极相连接，就没有电流通过电流计。可见被照射的阴极板发射的是电子，叫做**光电子**。这些光电子在电场的作用下，不断地由阴极 K 向阳极 A 流动，形成了电流，这种电流叫做**光电流**。

在实验中总结得出了以下规律：

① 任何一种金属，都有一个极限频率 ν_0（对应波长为极限波长 λ_0），入射光的频率必须大于这个极限频率，才能产生光电效应；低于这个频率的光不能使金属产生光电效应。如表 13-3 列出了几种金属的 ν_0 和 λ_0 的数值。

表 13-3　几种金属的 ν_0 和 λ_0 数值

金属	铯	钠	锌	银	铂
$\nu_0/10^{14}$ Hz	4.545	6.000	8.065	11.53	15.29
$\lambda_0/10^{-10}$ m	6600	5000	3720	2600	1962

② 光电子从物质表面逸出时的动能（称为初动能）与入射光的强度无关，只随着入射光频率的增大而增大。用频率相同的

光照射，不论光的强弱度如何，逸出电子的动能都相同；入射光的频率高，即使光很弱，光电子初动能也大；反之，入射光的频率低，即使光很强，光电子初动能也小。

③ 入射光照到金属上时，光电子的发射几乎是瞬时的，一般不超过 10^{-9} s。

④ 当入射光的频率大于极限频率时，光电流的强度与入射光的强度成正比。

如何解释光电效应的规律呢？

金属中的自由电子，由于受到带正电的原子核的吸引，必须从外部获得足够的能量才能从金属中逸出。例如，在电子管中，必须给灯丝加热才能发射电子。在光电效应中，这种能量要由入射光来提供。

按波动理论，光的能量是由光的强度决定的，而光的强度又是由光波的振幅决定的，跟频率无关。因此，无论光的频率如何，只要光的强度足够大或者照射时间足够长，都能使电子获得足够的能量产生光电效应，而这与实验结果是直接相矛盾的。极限频率的存在，即频率低于某一数值的光不论强度如何都不能产生光电效应，这是波动理论不能解释的；同样，波动理论也不能解释光电子的初动能只与光的频率有关而与光的强度无关。产生光电效应的时间之短，也与波动理论尖锐矛盾。一束很弱的光波照射到物体上时，它的能量将分布到大量的原子上，不可能在极短的时间里把足够的能量集中到一个电子上面使它从物体中飞出来。

二、光量子说（又称光子说）

1900 年，德国物理学家普朗克在研究电磁辐射的能量分布时发现，电磁波的发射和吸收是一份一份地进行，每一份能量等于 $h\nu$，理论计算的结果才能跟实验相符合。这里的 ν 是光的频率，h 是一个普适常量，叫**普朗克常量**，实验测出 $h = 6.63 \times 10^{-34}$ J·s。

为了解释光电效应的规律，在 1905 年，爱因斯坦提出了**光**

的量子说：光源发出的光也是不连续的，而是一份一份的，每一份叫做一个光子或光量子，光子的能量跟它的频率成正比，即 $E = h\nu$，式中的 h 就是上面讲的普朗克常量。

用光量子说能圆满地解释光电效应现象。当光子照到金属上时，它的能量可以被金属中的某个电子全部吸收。电子吸收光子能量后，动能立刻增加，不需要积累能量的过程。如果电子动能足够大，能够克服内部原子核对它的引力，就可以离开金属表面逃逸出来，成为光电子。当然，电子吸收光子能量后可能向各个方向运动，有的向金属内部，并不出来。向金属表面运动的电子，经过的路程不同，途中损失的能量也不同。唯独金属表面上的电子，只要克服金属原子核的引力做功，就能从金属中逸出，这个功叫**逸出功**。如果入射光子的频率比较低，它的能量小于金属的逸出功，就不能产生光电效应了。这就是存在极限频率的原因。不同金属的逸出功不同，所以它们的极限频率也不同。如果入射光比较强，那就是单位时间内入射光子的数目多，获得大于逸出功的能量的电子数目也多，因此产生的光电子也多。

爱因斯坦的光电效应方程 据能量守恒定律，光电子的初动能跟入射光子的能量 $h\nu$ 和逸出功 W 之间有下面的关系

$$\frac{mV^2}{2} = h\nu - W \qquad (13\text{-}9)$$

这个方程叫做爱因斯坦的光电效应方程。

对于一定的金属来说，逸出功 W 是一定的。所以，入射光子的频率 ν 越大，光电子的初动能越大。若入射光子的能量等于金属的逸出功，它的频率就是极限频率。故极限频率 ν_0 可由下式求出

$$h\nu_0 = W, \quad 即 \quad \nu_0 = \frac{W}{h} \qquad (13\text{-}10)$$

当然由上式知，如果从实验中测出了极限频率 ν_0，也可求

出金属的逸出功 W。

光量子说圆满地解释了光电效应，从而使人们认识到了光也具有粒子性。

三、光电管

利用光电效应把光信号转变为电信号的装置叫做**光电管**。如图 13-43 所示是一种真空光电管，玻璃泡里的空气已经抽出，有的光电管的玻璃泡里充有少量的惰性气体（如氩、氖、氦等）。泡的内半壁涂有碱金属（如钠、锂等），作为阴极 K。泡内另有一阳极 A。把光电管的正、负极分别

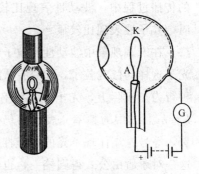

图 13-43　光电管的外形和构造示意图

与电源（80～100V）的正、负极相连接，当光照射到光电管的阴极 K，电路里就产生了电流，电流的强度取决于照射光的强度。光电管不能用强光照射，否则容易老化失效。光电管产生的电流很弱，应用时可以用放大器把它放大。

光电管在各种自动化装置以及有声电影、无线电传真、新兴的光纤通信等技术装置里都有应用。

在新兴的光纤通信技术中，光电管也是不可缺少的器件。在光纤通信的发射端先要把电信号转换为光信号，经过光传播后，在接收端通过光电管再把光信号转换回电信号。不过由于真空光电管体积大，使用起来不方便，在光纤通信中使用的是半导体光电管，它是利用半导体的光电效应制成的器件。

四、光的波粒二象性

光的干涉和衍射现象表明了光具有波动性；而光电效应又有

力地证明光具有粒子性。那么，光的本性究竟如何？光既具有波动性又具有粒子性，即**光具有波粒二象性**。

光的波动性和粒子性都是光的固有属性，是光的本性中矛盾的两个方面。在任何情况下，光的二象性都同时存在，只是在光的传播过程中，波动性表现比较显著，而当光与物质相互作用时，粒子性表现比较显著；

在宏观现象中波动性和粒子性是互相对立的、矛盾的，但对光子这样的微观粒子，却只有从波粒二象性出发才能说明它的各种行为。实际上，光子说并没有否定光的电磁说，光子的能量 $E = h\nu$，其中的频率 ν 表示的仍是波的特征。从公式 $E = h\nu$ 来看，等号左端体现了光的粒子性，等号右端体现了光的波动性，这一对矛盾由公式得到统一，也反映了粒子与波动之间的联系。当然不能把光当成宏观观念中的波，也不能把光当成宏观观念中的粒子。

在微观世界中，物理学家用实验论证了单个光子体现的粒子性，光子运动没有一定的轨道；而大量光子却体现出了光的波动性，即光的波动性是大量光子运动的规律。

习　题

1. 选择题

(1) 如图 13-44 所示，用导线把验电器与锌板相连接，当用紫外线照射锌板时，发生的现象是（　　）。

    A. 有光子从锌板逸出　　　　　　B. 有电子从锌板逸出

    C. 验电器指针张开一个角度　　　D. 锌板带负电

(2) 在光电效应实验中，用单色光照射某种金属表面，有光电子逸出，则光电子的最大初动能取决于入射光的（　　）。

    A. 频率　　　　B. 强度　　　　C. 照射时间　　　　D. 光子数目

(3) 光电效应实验中，下列表述正确的是（　　）。

    A. 光照时间越长光电流越大

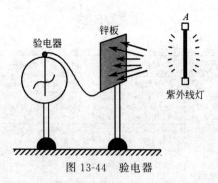

图 13-44 验电器

B. 入射光足够强就可以有光电流

C. 光电子初动能与入射光的频率有关

D. 入射光频率大于极限频率才能产生光电子

(4) 关于光的本性，下列说法中正确的是 (　　)。

A. 光的波粒二象性综合了牛顿的微粒说和惠更斯的波动说

B. 光子说只是说明光具有粒子性

C. 光的波粒二象性反映了光的电磁说的局限性

D. 大量光子产生的效果往往显示粒子性，而个别光子产生的效果
往往显示出波动性

2. 什么叫光电效应？光电效应的实验规律是什么？

3. 什么是光子？光子的能量与什么有关系？用光电子说如何解释光电
效应的实验规律？

4. 用一定频率的单色光照射金属表面时，恰好不能发生光电效应。为
了产生光电效应，则可以采取的方法有 (　　)。

A. 提高入射光的频率　　　　　　B. 增加光照时间

C. 增大入射光的强度　　　　　　D. 降低入射光的频率

5. 使锌产生光电效应的入射光的最小频率是 8.065×10^{14} Hz，锌的逸出
功是多少？

6. 已知钨的逸出功是 4.5eV，用频率为 1.5×10^{15} Hz 的光照射钨板，能
否产生光电效应？若能，逸出的光电子初动能是多大？ （1eV = 1.60 ×
10^{-19} J）

本章小结

知 识 点	公式表达式	适用条件和范围	了解或掌握
光的反射定律	入射角＝反射角	两种介质的表面	掌握
光的折射定律	$n_{21}=\dfrac{\sin\alpha}{\sin\gamma}=\dfrac{v_1}{v_2}$	两种介质的表面	掌握
光的全反射 临界角的计算	$\sin C=\dfrac{1}{n}$	光从光密介质射入光疏介质，且入射角大于等于临界角	掌握
三棱镜和透镜的光路特点			掌握
透镜的成像公式	$\dfrac{1}{u}+\dfrac{1}{v}=\dfrac{1}{f}$	薄透镜	掌握
*光学仪器			了解
光的干涉和衍射		满足相干条件的相干光，屏或缝宽与波长接近	了解
光的电磁说和电磁波谱			了解
*光谱和光谱分析			了解
光电效应和光电效应方程	$\dfrac{mv^2}{2}=h\nu-W$ $h\nu_0=W$		了解
光的波粒二象性			了解

复 习 题

1. 光的反射定律和折射定律是如何表述的？光发生全反射的条件是什么？

2. 透镜成像的规律是怎样的？实像与虚像各有什么特点？

3. 什么是光的干涉和衍射现象？为什么说这些现象说明光具有波动性？

4. 光具有粒子性的有利证据是什么？光量子说是如何表述的？

5. 一束光线从某种介质射向空气，发生全反射的临界角是 45°，求该介质的折射率。若光以 30°的入射角从该介质射向空气，折射角为多大？

6. 一物体离透镜 6cm，所成的像离透镜 30cm，像在光屏上，问这个透镜的焦距是多大？是凸透镜还是凹透镜？

7. 一支蜡烛到光屏的距离是 50cm，要能够在光屏上得到放大 4 倍的蜡烛的像,应当用哪一种透镜? 该透镜的焦距为多少? 透镜应放在距蜡烛多远处?

8. 物体高为 4cm,放在凹透镜前 12cm 处,而成一高为 1cm 的像,求像距和该透镜的焦距。作出光路图。

9. 用照相机给一高为 20cm 的物体照相,已知镜头的焦距为 10cm,当底片与镜头的距离为 11cm 时,求物体在底片上成了多高的像及物距是多少?

10. 用波长为 $0.2000\mu m$ 的紫外线照射钨的表面,释放出来的光电子中最大的初动能是 2.94ev。用波长为 $0.1600\mu m$ 的紫外线照射钨的表面,释放出来的光电子的最大初动能是多少? ($1 ev = 1.60 \times 10^{-19} J$)。

数码相机

在摄影技术迅速发展的今天,照相机种类越来越多,自动化程度也越来越高,其中要数数码相机最先进。数码相机同传统相机一样,虽也靠镜头、快门摄取景物,但感光的介质不是涂满感光剂的底片,而是电子式的影像传感器。这个传感器直接将景物反射光线转换为数码信号,再作进一步的处理和存储。故数码相机不用底片,而用快闪储存卡,一块储存卡内可储存多幅影像的数码信息,而且可以反复清除或储存。又因为景物的影像已变成数字化信息,所以数码相机可以与电脑连接,配合使用。

数码相机的摄影过程可分为输入、处理与输出三大部分。影像摄入主要是对摄入的光学影像进行数字化处理,就是将摄取的影像转换为可由电脑处理的数字信息。数码相机本身采用了 CCD 来接收影像信号,对摄取的影像进行数字化;影像处理主要是对进入计算机中的数码影像进行修整和再创作。可采用 PhotoShop 等软件对图像进行曝光、反差、色彩、色调、裁剪、图像缩放和翻转、拼接、合成、变形、背景变换等许多特殊技术处理。通过影像处理可以得到与原来影像完全不同的效果;影像输出是指在数码摄影过程中通过显示器、高分辨率激光或喷墨打印机等设备来显示照片的过程。当然也可用专用的数码胶片记录仪获取传统的彩色负片和彩色正片,或通过数码照片影像机获取传统的彩色照片。另外,数字影像可作为文件存储在磁盘内或刻录在光盘上,以便于保存,还能以电子邮件形式非常迅捷和方便地通过网络发送给远方的亲友。

第五篇

近 代 物 理

第十四章　近代物理知识简介

学习指南

　　本章学习一些有关原子的基本知识：原子结构和原子核，激光的产生及其应用，原子核的结构组成及其变化规律，利用原子能的两种途径——重核裂变、轻核聚变。

第一节　光谱与原子能级

一、光谱与光谱分析

　　人们已经了解到，太阳大气中含有氢、氦、碳、铁等几十种元素，有趣的是，氦元素是先在太阳大气中发现，然后才在地球上找到的，而且宇宙所有天体的元素和地球上的元素是一样的。人类是怎样知道这个事实的呢？

　　1. 光谱

　　复色光色散后，形成按波长（或频率）大小顺序排列的单色光的图样叫做**光谱**。光谱是电磁波波长成分和强度分布的记录。

对光谱的研究是人类认识自然的重要手段之一，可使人们了解物质的原子的结构及其发光的机理，利用光谱可对材料的化学成分进行分析等。

分光镜 观察光谱要用分光镜。分光镜的构造原理如图 14-1 所示。它是由平行光管 A、三棱镜 P 和望远镜 B 组成。宽度可调的狭缝 S 位于凸透镜 L_1 的焦点上，从狭缝 S 射入的光经 L_1 后变成平行光射到棱镜 P 上。光穿过三棱镜后，不同波长的光线以不同的偏折角射出，经透镜 L_2 会聚，在屏 MN 上形成一系列 S 的像。通过望远镜的目镜 L_3 就可以看到放大了的光谱的像。如果将感光板放在屏 MN 的位置上，则可摄到光谱的照片。具有这种装置的光谱仪器叫做摄谱仪。

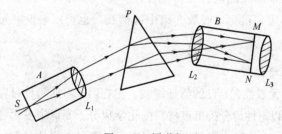

图 14-1　摄谱仪

2. 光谱的种类

（1）发射光谱　由物体发出的光直接产生的光谱叫做**发射光谱**。它包括连续光谱和明线光谱。

炽热的固体（如点亮的灯泡的钨丝）、液体（如熔化的金属）和高压气体发出的光，包括各种频率的单色光，经棱镜色散后形成了连续排列的光带，叫做**连续光谱**。

由一条条分立的亮线组成的光谱，叫做**明线光谱**，它通常由炽热的稀薄气体或金属蒸气发光产生。要观察固体或液体的明线光谱，可以把它们放在煤气灯或电弧中去烧，使它们汽化后发光，这时它们的原子处于游离状态，明线光谱就是由这种原子发光产生的，因此也叫做原子光谱。

由于各种元素都有与别的元素不同的独特的明线光谱，这意味着每种原子只辐射某些波长的光。因此明线光谱中的谱线成为各种元素的标志，这些谱线叫做**特征谱线**。

(2) 吸收光谱 如果连续光谱中的某种频率的光在传播途中被介质吸收掉，那么在连续光谱中就会出现一些暗线，这种光谱叫做**吸收光谱**。例如让白光经过低温钠气，其中一部分光被钠气吸收，在其连续光谱背景上出现两条靠得很近的暗线，这就是钠的吸收光谱。两条暗线的位置和钠的明线光谱中的明线的位置相同。

白光通过各种低温气体（或蒸汽）后，都会产生吸收光谱，吸收光谱中暗线的位置，都与各种气体（或蒸汽）元素的明线光谱一一对应，可见，吸收光谱中的谱线，也可用来识别元素的特征谱线。

3. 光谱分析

每种元素都有自己的特征谱线，用它们来对照每种材料的谱线结构，可以定性地分析出该材料的化学成分。光谱中各元素特征谱线的强度，与它们在材料中的含量有关：含量越多的元素的谱线就越强。利用光谱鉴别物质和确定化学成分的方法，叫做**光谱分析**。

光谱分析的步骤大致如下：

① 利用电弧、电火花或火焰使材料样品汽化，并使之发光。对于气体样品，可利用气体放电管使之发光；

② 用分光镜或摄谱仪观测和拍摄样品的原子光谱；

③ 鉴定谱线。决定材料的化学成分（定性分析），或进一步测量每种元素谱线的强度，以决定该元素的含量（定量分析）。

光谱分析是人类认识自然的重要手段之一。它帮助人们发现了许多新元素，有助于人们了解日月星辰的化学成分，研究天体运动等。太阳内部的强光经过温度较低的大气层时，其中某些波长的光被某些物质吸收，形成了吸收光谱。人们将这些吸收光谱线与各种标识谱线对照，于是知道了太阳大气中含有氢、氧、钠、钾、钙、铁、铜、镍、钴等几十种元素。光谱分析的优点是快捷、简便、灵敏度高。只要某种物质的含量在物质中达到亿万分之一，就可以分析出来。所以这种方法被广泛应用于工农业生产和科学研究中。例如，炼钢厂利用光谱分析快速分析钢水的成分；化学上进行微量元素的测定；科研中可以研究物质的纯度。

二、原子能级

人们通过对光谱的研究发现，每种元素的原子光谱都具有一定的规律性。丹麦物理学家玻尔（1885～1962）在前人研究成果（电子的发现、原子的核式结构）的基础上，深入分析了氢原子光谱，于1913年提出了他的原子能级理论，主要内容如下。

① 原子中电子的运动轨道不是任意的，只能在一些特定的可能轨道上运动，这些轨道是不连续的。电子在那些可能的轨道上运动时，原子具有一定的相应的能量，并不辐射能量。

② 当原子从一种能量状态 $E_{初}$ 跃迁到另一种能量状态 $E_{终}$ 时，原子辐射或吸收一定频率的光子。光子的能量等于两个状态能量之差，即

$$h\nu = |E_{初} - E_{终}|$$

式中，$h = 6.63 \times 10^{-34} \text{J} \cdot \text{s}$，称为普朗克常数；$\nu$ 为光子的频率。

玻尔以上述假设为依据，算出了氢原子中电子的各种可能的轨道的半径，其中离核最近的轨道半径 $r = 0.529 \times 10^{-10} \text{m}$，其他可能的轨道半径依次是 r 的 2^2、3^2、4^2、$\cdots$、n^2 倍。与各轨道对应的原子能量（动能、势能之和）依次是 -13.6eV，-3.40eV，-1.51eV，-0.85eV 等。

为了形象地表示原子每一状态的能量，人们按一定比例画出

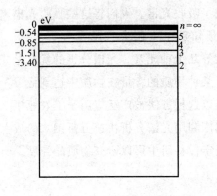

图 14-2　氢原子的能级图

一系列水平线，分别表示它在不同状态的能量值，每一种状态的能量叫做原子的一个**能级**。如图 14-2 所示的就是氢原子的能级图。

在正常状态下，原子处于最低能级，这时电子在离核最近的轨道上运动（$n=1$），这种状态叫做**基态**。给物体加热或用光照射物体时，原子吸收了能量，将从基态跃迁到较高能级，电子也到离核较远的轨道上运动（$n>1$），这时原子所处的状态叫做**激发态**。

三、原子对能量的吸收和发射

原子由较低能级向较高能级跃迁的过程，是原子从外界吸收能量的过程，同时，电子将由离核较近的轨道跃迁到离核较远的轨道。反之，原子由较高能级向较低能级跃迁时，原子将向外发射能量。

根据玻尔理论，电子在每一可能轨道上时，原子分别具有一定的能量，而且原子不吸收也不放出能量，原子处于**稳定状态**。原子所处的能级越低，越稳定。当原子被激发（原子从外界吸收能量）后，只能停留极短的时间（通常约 10^{-8} s），就要自发地跃迁到较低能级上去，同时把多余的能量以光子的形式辐射出来，这便是原子发光的过程。

原子辐射出的能量，可用下式计算

$$\Delta E = h\nu = hc/\lambda$$

式中，ΔE 是两个能级间的能量差；c 是光速；ν 是光的频率；λ 是光的波长；h 是普朗克常数。

根据上式，只要知道氢原子中电子在轨道上的跃迁情况，那么，它吸收或发射的光子的频率（波长）就能计算出来。

如图 14-3 所示，在氢原子中，当电子由 $n=3$、4、5 的轨道跃迁到 $n=2$ 的轨道上时，辐射光子的频率分别是

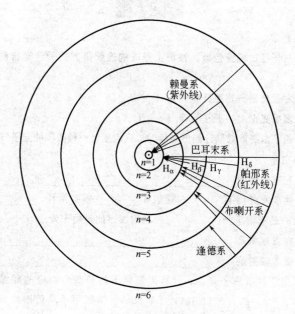

图 14-3　氢原子轨道线系图

$$\nu_{32} = \frac{E_3 - E_2}{h} = \frac{(-1.51 + 3.40) \times 1.6 \times 10^{-19}}{6.63 \times 10^{-34}} = 4.56 \times 10^{14} \text{ Hz}$$

$$\nu_{42} = \frac{E_4 - E_2}{h} = \frac{(-0.85 + 3.40) \times 1.6 \times 10^{-19}}{6.63 \times 10^{-34}} = 6.15 \times 10^{14} \text{ Hz}$$

$$\nu_{52} = \frac{E_5 - E_2}{h} = \frac{(-0.54 + 3.40) \times 1.6 \times 10^{-19}}{6.63 \times 10^{-34}} = 6.90 \times 10^{14} \text{ Hz}$$

以上计算与实验测得的氢的可见光谱线的频率相吻合。

玻尔理论成功地解释了氢原子光谱的所有谱线，但用它来解释比较复杂的原子光谱，例如有两个外层电子的原子光谱时，计算结果与实验事实出入很大，这说明玻尔理论有很大的局限性。

关于复杂原子的光谱规律，在后来发展起来的量子力学中得到了解决。

习　题

1. 判断题

(1) 白光经过棱镜色散，在屏上形成的连续排列的彩色光带称为连续光谱（　　）。

(2) 发射光谱一定是连续光谱（　　）。

(3) 发射光谱又叫原子光谱（　　）。

(4) 原子由高能级跃迁到低能级时，只能辐射一种频率的光子（　　）。

2. 填空题

(1) 光谱分析是＿＿＿＿＿＿＿＿＿＿＿＿＿＿＿＿＿＿＿＿＿＿＿。

(2) 物质发光时有＿＿＿＿辐射和＿＿＿＿辐射两种，＿＿＿＿辐射发出的是不相干光，＿＿＿＿＿辐射发出的是相干光。

(3) 自发辐射是＿＿＿＿＿＿＿＿＿＿＿＿＿＿＿＿＿＿＿＿＿＿。

(4) 受激辐射是＿＿＿＿＿＿＿＿＿＿＿＿＿＿＿＿＿＿＿＿＿＿。

3. 根据玻尔氢原子理论，计算出氢原子的前四个能级的能量分别为 $-13.6eV$、$-3.4eV$、$-1.51eV$、$-0.85eV$，当氢原子从第四能级跃迁到第一能级时，辐射的光子能量为多少？当氢原子处于第一能级时，要跃迁到第二能级，需要吸收的光子能量为多少？

第二节　激　　光

一、激光的产生

1960 年，人类在实验室里激发出了一种自然界中没有的光，这就是激光。40 多年来，激光已经深入人们生活的各个角落。打长途电话，看 VCD，医院里做手术，煤矿里挖掘坑道，都可利用激光来完成。那么，激光到底是一种什么样的光，它为什么有这么大的用途呢？

光源的发光过程是原子中的电子从高能级向低能级跃迁时辐

射光子的过程。普通光源（白炽灯、日光灯、高压水银灯等）是自发辐射发光，光源中大量原子跃迁前后的能级不一定相同，同一个原子每次跃迁的前后能级也不一定相同，每个原子辐射的光子彼此独立、互不相干，辐射出来的是频率各异的、无规则地向四面八方传播的自然光。

下面来看一种极有价值的辐射过程。如果原子处于 E_2 能级时，恰好有能量等于 $E_2 - E_1$ 的光子趋近它，在这个入射光子的激发下，原子会辐射出一个同样的光子，并从高能级跃迁到低能级，这种辐射叫做**受激辐射**，如图 14-4 所示。

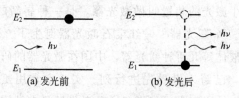

图 14-4　受激辐射

它们在介质中传播时如果再引起其他原子的受激辐射，就会形成雪崩式的光放大，如图 14-5 所示。受激辐射的光子，与外来光子的频率、振动方向等方面具有完全相同的特征，这是和普通光的一个重要区别。这种在入射光影响下，引起大量原子受激辐射而发出的光，就叫做**激光**。激光的形成过程也是光放大（增强）的过程。

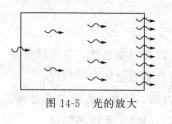

图 14-5　光的放大

一些具有亚稳态的粒子，如氦、氖等原子，氩、钕等离子及二氧化碳分子等，在电、光、热及其他方式激励下，能使一部分粒子激发到能量较高的状态，形成了处于高能级的原子数比处于低能级的原子数多的粒子数分布（称为反转分布），这是产生激光的必要条件。但是要输出能够实际应用的激光，还需要用一种装置把受激辐射的光子"训练"成一支浩浩荡荡、步伐整齐的光子"兵团",这个装置就是"光学谐振腔",光辐射在谐振腔内沿轴线方向往返反射传播,多次通过受激发的工作物质而形成强度大、方向一致的激光束,如图 14-6 所示。

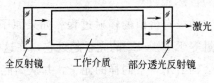

全反射镜　　工作介质　　部分透光反射镜

图 14-6　光学谐振腔

　　能够产生激光的装置叫做**激光器**,是一种崭新的人造光源。1960 年,第一个激光器——红宝石激光器诞生了。现在已有固体、气体和液体等几百种激光器,中国在激光器的研制和激光技术应用方面,已跨入世界先进行列。实验室常用氦-氖激光器,虽然它的输出功率不大,但由于这种激光器具有结构简单,使用方便,成本低廉,所发出的红色激光比较醒目等优点而备受欢迎。

二、激光的特性与应用

1.激光的特性

　　激光是一种相干性非常好的光,激光的单色性、方向性都是普通光所无法比拟的。另外,激光还具有能量集中等特点。

　　自从 1960 年第一台激光器问世以来,激光的发展非常迅速。目前,它已被广泛应用于生产、生活、科技、军事等领域。

2.激光加工

　　利用激光能量集中的优点,把激光会聚起来,焦点附近可达几万度高温,可实现激光打孔、微型焊接、切割和加工精密材料(如手表、钟表的钻石轴承)等。

　　医学上把激光聚焦的焦点作为手术工具来代替外科手术刀。

手术时患者无痛苦，故无须麻醉。激光手术刀能边做手术，边止血，边消毒，能隔着皮肤切除肿瘤，排出胆结石等。激光在医学上已成为手术、治疗、诊断和化验的有力工具。

激光在生物工程、遗传工程中也有重要的应用。例如，利用激光微束给细胞穿孔，再把外源基因引入细胞，从而实现外源基因注入，产生具有新的优良性的生物体。

3.激光测量

激光的单色性比起单色性最好的普通光高出 10 万倍，所以它的干涉条纹很窄，又很清晰。因此，利用激光单色性好、方向性强、高亮度的优点，可对长度、速度、转速等物理量进行精密测量。利用激光测量 8000km 高空的卫星，误差仅 2cm；利用激光干涉测厚仪和测长仪对 3km 长度测量结果的相对误差，仅有亿分之一。

将激光器放在经纬仪上，并在筑路机、挖掘机等施工机械上装上激光接收器，就可以控制这些机械，使其沿着一条预定的直线行进。在几千米的距离上，精确度在几厘米以内。这种装置已被应用在开凿隧道、建桥、铺设地下管道等工程中。

4.激光通讯

激光通讯分为有线通讯和无线通讯两种。无线通讯的特点是容量大、设备轻便、经济。但它受气候影响大，只适用于短距离通讯和数据传输。有线通讯也称为光纤通讯。其特点是容量大，传送距离远、造价低、保密性好。

5.激光全息照相

利用激光的相干性可实现全息照相。如图 14-7 所示，一束平行激光束分成两部分，一部分射向反射镜，一部分直接射向被摄物体，两束反射光在照相底片上形成干涉的图样，叫做全息照相。因此可利用激光进行全息照相、全息摄影。

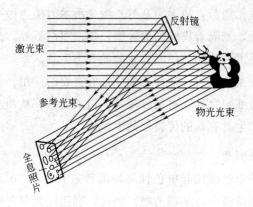

图 14-7　全息照相原理图

第三节　原子核物理

一、天然放射性

1.天然放射现象

人们对原子核的认识是从天然放射性开始的。1896 年，法国科学家贝克勒尔，为探索伦琴射线的发生机理，意外地发现了物质的天然放射现象。他的实验需要太阳的照射，不巧一连几天没出太阳，他只好将实验所用的厚黑纸和盐一起放进抽屉里。过了几天，天晴了，在他继续实验前，发现底片已明显感光，如图 14-8 所示。经贝克勒尔确认这是铀放出某种射线的结果。这种

图 14-8　射线使底片感光

射线人观察不到，与太阳光的照射无关，它能够透过黑纸使底片感光并能使空气电离。这种射线叫做**放射线**。物质能自发产生放射线的性质叫做**天然放射性**，具有放射性的元素叫做**放射性元素**。

贝克勒尔的发现引起了法国科学家玛丽·居里的兴趣。她证实了贝克勒尔的结论，并发现了放射性的强度只跟铀的含量有关，跟化合物的组成无关，也不受光的照射、加热或通电等因素的影响。

2.放射线的性质

放射性元素发出的射线究竟是什么呢？科学家利用电场或磁场进行了研究。把镭放入有小孔的铅室中，使放射线只能从小孔射出来。小孔上方不加磁场时，射线是笔直的一束；加磁场时，射线却分成了三束，分别叫做 α、β、γ 射线，如图 14-9 所示。它们的主要性质如下。

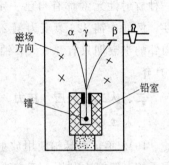

图 14-9　镭发射的三种射线

α 射线——氦原子核组成的高速粒子（$_2^4He$ 粒子）流。粒子的电离作用很强，但是穿透本领弱，它在空气中只能飞行几厘米，一张薄纸或铝箔就能把它挡住。

β 射线——高速电子流。粒子的电离作用比 α 粒子弱，但是它的穿透本领稍强，能穿透较厚的黑纸，也能穿透几毫米厚的铝片。

γ 射线——波长比伦琴射线还短的电磁波。射线的速度跟光速相同，射线就是波长极短的光子。它的电离作用很弱，但是穿透本领很强，能穿透 30mm 厚的钢板。

3.原子核的衰变

放射现象是原子核不稳定的表现。人们发现，原子序数大于 83 的天然存在的元素都具有放射性，能自发地放出 α 或 β 等粒子而转变成另一种元素的原子核。这种原子核自发地产生变化的现象叫做**原子核的衰变**。放出 α 粒子的衰变叫做 **α 衰变**，放出 β 粒子的衰变叫做 **β 衰变**。通常，原子核 α 衰变或 β 衰变的同时，往往伴随放出 γ 射线。例如，镭最后会转变成稳定的元素——铅。

放射性元素的原子核有半数发生衰变的时间叫做**半衰期**。每一种放射性元素都有自己一定的半衰期，这是放射性元素的属性。例如，镭 226 衰变为氡 222 的半衰期是 1620 年，而氡衰变为钋的半衰期只有 3.8 天。铀衰变为钍的半衰期竟然长达 4.5×10^9 年。

二、人工核反应　核力

1.人工核反应

1919 年，卢瑟福使用放射性元素放出的 α 粒子去轰击氮的原子核，第一次利用人工方法使原子核发生了变化。通过实验现象，他断定，α 粒子击中氮核后，把氮核内的一个质子驱逐出来，同时生成新的氧原子核。原子核发生转变的现象叫做核反应。由衰变产生的核转变叫做**自发核反应**，用人工产生的核转变叫做**人工核反应**。

核反应过程可以用核反应方程来表示。在核反应过程中，核电荷数和质量数都是守恒的。因此，卢瑟福首次实现的人工核反应就可以表示为

$$\,_2^4\text{He} + \,_7^{14}\text{N} \longrightarrow \,_8^{17}\text{O} + \,_1^1\text{H}$$

1830 年科学家用 α 粒子轰击铍核时，发现了一种穿透性很强、不带电的射线，即**中子**。这个核反应方程是

$$\,_2^4\text{He} + \,_4^9\text{Be} \longrightarrow \,_6^{12}\text{C} + \,_0^1\text{n}$$

核反应的种类很多，除用 α 粒子轰击原子核能实现核反应外，利用人工方法将某些带电粒子（如电子、质子、氘核等）加速后去轰击原子核也能引起核反应。回旋加速器就是用人工的方法来产生高速带电粒子的设备。它的建成扩大了核反应的研究领

域。历史上最初用加速质子来实现的人工核反应是

$$_{3}^{7}\text{Li} + _{1}^{1}\text{H} \longrightarrow _{2}^{4}\text{He} + _{2}^{4}\text{He}$$

2. 核力

原子核约占原子体积的万分之一，组成原子核的质子和中子（统称为核子）非常紧密地聚集在这个很小的体积中。由于质子带正电，质子间如此近的距离会产生巨大的静电斥力，可是一般情况下原子核很稳定不会因质子间的静电斥力而分裂。中子不带电，它也稳居在核内。由此可以推想，核子间一定还有另一种比静电斥力更强的引力，这个引力把核子牢固地结合在一起。核子间的这种力叫做**核力**。研究表明，核力只能在 2.0×10^{-15} m 这个极小的距离之内起作用。超过这个距离，合力就迅速减减到零。所以，核力是一种短程力，它既不是万有引力，也不是电磁力。

三、核能、裂变、聚变

1. 核能

由于化学反应往往要吸热或放热，同样的，核反应也要伴随能量的变化。由于核子之间存在着强大的核力，所以核子结合成原子核或原子核分解成核子时，都伴随着巨大的能量变化。实验测得，一个中子和一个质子结合成氘核时，要放出 2.22MeV 的能量。这一能量以 γ 光子的形式辐射出去。这时的核反应方程是

$$_{0}^{1}\text{n} + _{1}^{1}\text{H} \longrightarrow _{1}^{2}\text{H} + \gamma$$

核反应中放出的能量叫做**核能**。核能是从哪里来的呢？

1907 年，爱因斯坦从相对论得出质量和能量间的关系：物体的质量 m 是它的能量 ΔE 的量度，物体的能量变化量 ΔE 正比于它的质量变化量 Δm。用公式表示为

$$\Delta E = \Delta m c^2$$

式中 c 是光在真空中传播的速度，这个公式叫做**爱因斯坦**

方程。

因为核子结合成原子核时，核子的质量之和与结合成的原子核的质量不相等，而且质量减小了，这种质量减小叫做**质量亏损**。

中子和质子结合成氘核时质量亏损 $\Delta m = 0.004 \times 10^{-27}$ kg。根据爱因斯坦的质能方程，放出的能量为

$$\Delta E = \Delta mc^2 = 0.004 \times 10^{-27} \ (2.9979 \times 10^8)^2/1.602 \times 10^{-19}$$

$$= 2.2 \text{MeV}$$

可以看出发生核反应时，伴随着巨大的能量变化。1摩尔的碳完全燃烧放出的能量为 393.5kJ，则每个碳原子在燃烧的过程中释放出的能量不过于 4eV，而核子结合成氘核放出的能量是它的 55 万倍。爱因斯坦质能方程是人类极其宝贵的科学财富，是开发核能的理论基础。

2. 裂变

从上面已经看到，在原子核里蕴藏着多么巨大的能量。1938年 12 月，物理学家在用中子轰击铀核时，铀核裂变为两个中等质量的新核，同时放出 2～3 个中子，并释放了近 200MeV 的能量。这种现象叫做**铀核裂变**。

铀核裂变的产物是多种多样的，有时裂变为氙（Xe）和锶（Sr），有时裂变为钡（Ba）和氪（Kr）或锑（Sb）和铌（Nb），同时放出 2～3 个中子。1947 年中国物理学家钱三强、何泽慧通过实验发现，铀还可能裂变成三部分或四部分。铀核裂变的许多可能的核反应中的一个是

$$^{235}_{92}\text{U} + ^{1}_{0}\text{n} \longrightarrow ^{141}_{56}\text{Ba} + ^{92}_{36}\text{Kr} + 3^{1}_{0}\text{n}$$

在这个反应中，质量亏损 $\Delta m = 0.3578 \times 10^{-27}$ kg，释放的能量 $\Delta E = 201$MeV。平均每个核子放出的能量约为 1MeV。如果 1kg 的铀全部裂变，它放出的能量就相当于 2500t 优质煤完全

燃烧时放出的化学能。

铀核裂变时要放出 2～3 个中子，这些中子如再引起其他铀核裂变，就可使裂变反应连续进行下去。这种反应叫做**链式反应**。为使裂变容易进行，最好是利用铀 235。如图 14-10 所示是链式反应的示意图。

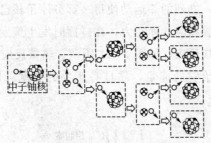

图 14-10　链式反应示意图

铀块体积对于链式反应也是一个重要因素。因为原子核非常小，如果铀块体积不够大，中子从铀块中通过时，可能还没碰到铀核就跑到铀块外面去了。能够发生链式反应的铀块的最小体积叫做它的**临界体积**。如果铀 235 超过其临界体积，只要中子进入铀块，立即引起铀核的链式反应，在极短时间内就会释放出大量的核能，发生猛烈的爆炸。原子弹就是根据这个原理制成的。

3. 聚变

某些轻核结合成质量较大的核时，能释放出更多的能。例如：一个氘核和一个氚核结合成一个氦核时，可释放出 17.6MeV 的能量，平均每个核子放出的能量在 3MeV 以上，这时的核反应方程是

$$^2_1\text{H} + ^3_1\text{H} \longrightarrow ^4_2\text{He} + ^1_0\text{n}$$

这种轻核结合成质量较大核的现象叫做**聚变**。

要使轻核聚变，必须使它们的距离十分接近，达到

10^{-15} m 的距离。由于原子核是带正电的，要使它们接近到这种程度，必须克服巨大的库仑力。这就要使原子核具有很大的动能。

用什么方法能使大量原子核获得足够的动能来产生聚变呢？有一种方法，就是把它们加热到很高的温度。当物质达到几百万摄氏度高温时，剧烈的热运动使得一部分原子核已经具有足够的动能，可以克服相应的库仑力，在碰撞时发生聚变。因此，聚变反应又叫做**热核反应**，如图 14-11 所示。热核反应一旦发生，就不再需要外界给它的能量，靠自身产生的热就可以使反应进行下去。

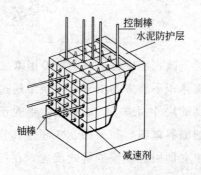

图 14-11　反应堆示意图

热核反应在宇宙中是很普遍的现象。在太阳内部和许多恒星内部，温度都高达 10^7 K 以上，在那里热核反应激烈地进行着。太阳每秒钟辐射出来的能量约为 3.8×10^{26} J，就是从热核反应中产生的。这些能量的 20 亿分之一被地球接受，就使地面温暖，产生风云雨露，河川流动，万物生长。

习　　题

1.＿＿＿＿＿＿＿＿＿＿＿＿＿＿＿＿＿＿＿叫天然放射性。

2.α射线是由＿＿＿＿＿组成的粒子流，β射线是由＿＿＿＿＿组成的粒子流，γ射线是由_____组成的粒子流。

3. $^{235}_{92}$U 放射出一个 α 粒子后，变成的新核质量数为_____，电子数为_____。

4. 裂变是指_____。

5. 聚变是指_____。

6. 释放原子能的两种方式是_____和_____。

核武器及其防护

一、核武器

1.原子弹

图 14-12 就是利用铀 235 或钚 239 等超过临界体积产生快速链式反应的道理制成的原子弹。原子弹未爆炸前，铀块的体积要小于临界体积（相应的临界质量约为 1kg）。要爆炸时，用普通炸药引爆装置，将两个铀块合并在一起，超过临界体积。当铀块受到空气中的中子或自带中子源放出的中子轰击时，就发生快速的链式反应，在百万分之几秒内全部爆炸，放出大量的能。图 14-13 是 1964 年 10 月 16 日中国第一颗原子弹爆炸时，形成的火球和随即升起的蘑菇烟云的照片。

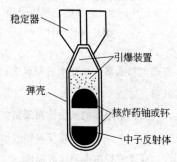

图 14-12　原子弹构造示意图

稳定器
引爆装置
弹壳
核炸药铀或钚
中子反射体

1945 年 8 月，美军在日本的广岛和长崎分别投下一颗原子弹，其爆炸当量相当于几百万吨 TNT 炸药，两座城市顷刻间化为废墟，死伤人数 20 余万，这是人类首次感受到的核武器的巨大杀伤力。

2.氢弹

在原子弹内放入氘和氚，氢弹就是根据这个道理制成的。图 14-14 是氢弹构造示意图。氢弹又叫热核武器，它的杀伤力比原子弹更大。

和平与发展是当今世界发展的主旋律，中国政府和中国人民十分珍惜和平，向全世界庄严承诺绝不首先使用核武器，提倡削减核武器，直到最

图 14-13 中国第一颗原子弹
爆炸时的照片

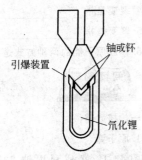

引爆装置

铀或钚

氘化锂

图 14-14 氢弹构造示意图

终销毁核武器，核技术的发展应该用于和平建设，而不应该用于制造杀人武器。

二、核爆炸的杀伤作用及防护

(1) 光辐射　核爆炸时辐射出的光，温度高，传播速度快，传播范围广，造成的损伤多为浅表部位。

(2) 冲击波　核爆炸时发出的冲击波具有强大的机械能，使物体受到强烈的挤压而损坏。冲击波遇到地表或密度较大的物体会发生反射，反射波与入射波具有同样大的破坏力。

(3) 早期核辐射　核爆炸时会辐射出 α 射线、β 射线、γ 射线和中子等。这些射线对生物体产生十分严重的损伤破坏作用。

(4) 放射性污染　核爆炸后悬浮在空气中、沉降在地面和物体表面的放射性物质，使水源、食物等均遭受污染，给人类造成严重的危害。

如果在遭受核袭击时能及时采取有效措施，可以降低核武器爆炸造成的损害。核爆炸时，发出的光、射线、冲击波等，在传播途中，能被屏蔽物阻挡或减弱。因而及时、正确地利用地形、建筑物等屏蔽物能减轻人员的伤亡程度，收到一定的防护效果。

本章小结

知识点	公式表达形式	适用范围和条件	了解或掌握
光 谱	连续光谱	炽热的固体、液体及高压气体	了解
	明线光谱	光谱分析	了解
原子模型 (玻尔理论)	能级假设	圆满解释氢原子光谱	了解
	跃迁理论		了解
激 光	自发辐射	自然光	了解
	受激辐射	激光	了解
原子核的衰变 与组成	天然放射性	α、β、γ 射线	了解
	人工核反应	发现质子、中子	了解
原子核能	重核裂变	质量数较大的重核	了解
	轻核聚变	质量数较小的轻核	了解
质能关系	$E = mc^2$		了解

复 习 题

1. 在教室里用三棱镜观察阳光或白炽灯的连续光谱,看到光的颜色是怎样变化的?

2. 根据原子能级概念和能量守恒定律,说明形成明线光谱和吸收光谱的原因。

3. 光谱分析的原理是什么? 如何进行光谱分析?

4. 汞原子从第一激发态跃迁到基态时,发出波长为 2.5×10^{-7} m 的光,那么,处于基态的汞原子,必须吸收多大的能量才可能跃迁到第一激发态?

5. 氢原子受到激发后,由第一能级(基态)跃迁到第三能级,它吸收的能量是多少? 此受激后的原子可能辐射哪几种频率的光?

6. 为什么说放射性表明原子核是有内部结构的?

7. 什么是放射性元素? 放射线各有什么特性?

8. 写出下列各种情况的核反应方程式:①氮核($^{14}_{7}$N)俘获一个 α 粒子后放出一个质子;②氮核俘获一个中子后放出一个 α 粒子;③硼核($^{10}_{5}$B)俘获一个α 粒子后放出一个中子。

9. 根据质能关系,一个质子具有的能量为多少 MeV?

10. 中国第一座核电站——浙江秦山核电站的功率为 3.0×10^5 kW。如果 1 克铀 235 完全裂变时能释放出 8.0×10^{10} J 的能量。设所产生的能量全部转化为电能,那么每年(365 天)要消耗多少铀 235?

附　录

附录Ⅰ　法定计量单位

附表 1　国际单位制(SI)的基本单位

量的 名称	单位 名称	单位符号		定　义
		中文	英文	
长度	米(meter)	米	m	米是光在真空中(1/299 792 458)s 的时间间隔内所经路径的长度
质量	千克(kilogram)	千克	kg	千克等于国际千克原器的质量
时间	秒(second)	秒	s	秒是铯 133 原子基态的两超精细能级之间跃迁所对应的辐射的 9 192 631 770 个周期的持续时间
电流	安培(Ampere)	安	A	在真空中,截面积可忽略的两根相距 1m 的无限长平行圆直导线内通以等量恒定电流时,若导线间相互作用力在每米长度上为 2×10^{-7}N,则每根导线中的电流为 1A
热力学 温度	开尔文(Kelvin)	开	K	开尔文是水三相点热力学温度的 1/273.16
物质 的量	摩尔(mole)	摩	mol	摩尔是一系统的物质的量。该系统中所包含的基本单元数与 0.012kg 碳 12 的原子数目相等。在使用摩尔时应指明基本单元。它可以是原子、分子、离子、电子以及其他粒子,或这些粒子的特定组合
发光 强度	坎德拉(candela)	坎	cd	坎德拉是发射出频率为 540×10^{12} Hz 单色辐射的光源在给定方向上的发光强度,而且在此方向上的辐射强度为 1/168W/sr

量的名称	单位名称	单位符号	定　义
平面角	弧　度	rad	弧度是一个圆内两条半径之间的平面角,这两条半径在圆周上截取的弧长与半径相等
立体角	球面度	sr	球面度是一立体角,其顶点位于球心,而它球面上截取的面积等于以球半径为边长的正方形面积

附表 3　国际单位制中具有专门名称的导出单位

量 的 名 称	单位名称	单位符号	其他表示示例
频率	赫[兹]	Hz	s^{-1}
力	牛[顿]	N	$kg \cdot m/s^2$
压力,压强,应力	帕[斯卡]	Pa	N/m^2
能量,功,热量	焦[耳]	J	$N \cdot m$
功率,辐射能通量	瓦[特]	W	J/s
电荷量	库[仑]	C	$A \cdot s$
电位,电压,电动势	伏[特]	V	W/A
电容	法[拉]	F	C/V
电阻	欧[姆]	Ω	V/A
电导	西[门子]	S	$Ω^{-1}$
磁通量	韦[伯]	Wb	$V \cdot s$
磁通量密度,磁感强度	特[斯拉]	T	Wb/m^2
电感	亨[利]	H	Wb/A
摄氏温度	摄氏度	℃	
光通量	流[明]	lm	$cd \cdot sr$
光照度	勒[克斯]	lx	lm/m^2
放射性活度	贝可[勒尔]	Bq	s^{-1}
吸收剂量	戈[瑞]	Gy	J/kg
剂量当量	希[沃特]	Sv	J/kg

附表 4 国家选定的非国际单位制单位

量的名称	单位名称	单位符号	换算关系和说明
时间	分	min	$1min=60s$
	[小]时	h	$1h=60min=3600s$
	天（日）	d	$1d=24h=86400s$
平面角	[角]秒	″	$1''=(\pi/648000)rad$
	[角]分	′	$1'=60''=(\pi/10800)rad$
	度	°	$1°=60'=(\pi/180)rad$
旋转速度	转每分	r/min	$1r/min=(1/60)/s$
海航程长度	海里	nmile	$1nmile=1852m$（只用于航程）
海航程速度	节	Kn	$1Kn=1nmile/h=(1852/3600)m/s$
质量	吨	t	$1t=1000kg$
原子质量	原子质量单位	u	$1u=1.6605655\times10^{-27}kg$
体积	升	L(l)	$1L=10^{-3}m^3$
能	电子伏	ev	$1ev=1.6021892\times10^{-19}J$
级差	分贝	db	
线密度	特[克斯]	tex	$1tex=1g/km$

附表 5 用于构成十进倍数和分数单位的词头

倍数	词头名称	词头符号中文	词头符号国际	分数	词头名称	词头符号中文	词头符号国际
10^{18}	艾可萨（exa）	艾	E	10^{-1}	分（deci）	分	d
10^{15}	拍它（peta）	拍	P	10^{-2}	厘（centi）	厘	c
10^{12}	太拉（tera）	太	T	10^{-3}	毫（milli）	毫	m
10^{9}	吉咖（giga）	吉	G	10^{-6}	微（micro）	微	μ
10^{6}	兆（mega）	兆	M	10^{-9}	纳诺（nano）	纳	n
10^{3}	千（kilo）	千	k	10^{-12}	皮可（pico）	皮	p
10^{2}	百（hecto）	百	h	10^{-15}	飞母托（femto）	飞	f
10^{1}	十（deca）	十	da	10^{-18}	阿托（atto）	阿	a

注：1.周、月、年（符号为 a）为一般常用时间单位。

2.[　]内的字，是在不致混淆的情况下，可以省略的字。

3.（　）内的字为前者的同义语。

4.角度单位度、分、秒的符号不处于数字后时，用括弧。

5.升的符号中，小写字母 l 为备用符号。

6.r 为"转"的符号。

7.人民生活和贸易中，质量习惯称为重量。

8.公里为千米的俗称，符号为 km。

9.10 的四次称为万，10 的八次方称为亿，10 的十二次方称为万亿，这类数词的使用不受词头名称的影响，但不应与词头混淆。

附录Ⅱ　常用物理数值表

名　　称	符号	计算用值	最　佳　值 数　值	最　佳　值 不确定度/10^{-6}
真空中的光速	c	$3.00\times10^8\,\text{m/s}$	2.99792458	（精确）
引力常量	G	$6.67\times10^{-11}\,\text{N}\cdot\text{m}^2/\text{kg}^2$	6.67259	128
阿伏伽德罗常量	N_A	$6.02\times10^{23}\,\text{mol}^{-1}$	6.0221367	0.59
普适气体常量	R	$8.31\,\text{J/mol}\cdot\text{K}$	8.314510	8.4
水的三相点	T_3	$273.16\text{K}=0.01℃$		（精确）
绝对零度	T_0	$-273.15℃$		（精确）
标准大气压	atm	$1.013\times10^5\,\text{Pa}$	1.01325	（精确）
理想气体在标准状态下的摩尔体积	V_m	$22.4\,\text{L/mol}$	22.41410	8.4
玻尔兹曼常数	k	$1.38\times10^{-23}\,\text{J/K}$	1.3806513	1.8
基本电荷	e	$1.60\times10^{-19}\,\text{C}$	1.60217733	0.30
电子静质量	m_e	$9.11\times10^{-31}\,\text{kg}$	9.1093897	0.59
质子静质量	m_p	$1.67\times10^{-27}\,\text{kg}$	1.6726231	0.59
中子静质量	m_n	$1.67\times10^{-27}\,\text{kg}$	1.6749286	0.59
真空电容率	ε_0	$8.85\times10^{-12}\,\text{F/m}$	8.854187817	（精确）
真空磁导率	μ_0	$1.26\times10^{-6}\,\text{H/m}$	1.25637706	（精确）
普朗克常量	h	$6.63\times10^{-34}\,\text{J}\cdot\text{s}$	6.6260755	0.60
α粒子静质量	m_α	4.0026u	4.0026032	0.067
经典电子半径	r_e	$2.82\times10^{-15}\,\text{m}$	2.81794092	0.13
玻尔半径	a_0	$5.29\times10^{-11}\,\text{m}$	5.29177249	0.045
里德伯常量	R_∞	$1.10\times10^7\,\text{m}^{-1}$	1.0973731534	0.0012

附录Ⅲ 天文数据表

名　　称	数　　值
天文一般数据	
1 天文单位	1.4959787×10^{11} 米
1 光年	9.4605×10^{15} 米 $= 6.324 \times 10^{4}$ 天文单位
1 秒差距	3.0857×10^{16} 米 $= 206265$ 天文单位 $= 3.262$ 光年
黄赤交角（2000 年 1 月 15 日）	$23°26'21.448''$
1 恒星日	0.99726957 平太阳日 ＝23 时 56 分 04.0908 秒（平太阳时）
1 平太阳日	1.00273791 恒星日 ＝24 时 03 分 56.5554 秒（恒星时）
1 朔望月	29.530589 平太阳日 ＝29 日 12 时 44 分 02.9 秒（平太阳时）
1 恒星月	27.321662 平太阳日 ＝27 日 07 时 43 分 11.6 秒（平太阳时）
1 回归年	365.24220 平太阳日
1 太阴年	12 朔望月＝354.3671 平太阳日
历书时 1 秒	1900 年 1 月 0 日历书时 12 时瞬刻 回归年长度的 1/31556925.9747
原子时 1 秒	铯原子跃迁频率 9192631770 周所经历的时间
银河系数据	
银河系主体直径	约 80000 光年
银河系主体厚度	约 300～12000 光年
太阳处银河物质总密度	约 8.8×10^{-24} 克・厘米$^{-3}$
太阳与银心距离	约 30000 光年
太阳处银河系自转速度	约 250 公里/秒
太阳处银河系自转周期	约 2.5×10^{8} 年
银河系年龄	约 10^{10} 年
太 阳 数 据	
日地平均距离	1 天文单位＝1.4959787×10^{11} 米
日地最近距离	1.4710×10^{11} 米
日地最远距离	1.5210×10^{11} 米
太阳直径	1392000 公里
太阳表面积	6.087×10^{12} 平方公里

名　　　称	数　　值
太阳体积	1.414×10^{18} 立方公里
太阳质量	1.9891×10^{33} 克
太阳平均密度	1.41 克·厘米$^{-3}$
太阳常数平均值	1.37 千瓦/平方米
太阳表面有效温度	5770K
太阳中心温度	1.5×10^{7} K
太阳年龄	$\sim 5 \times 10^{9}$ 年

地　球　数　据

地球半径	赤道半径	6378.140 公里
	极半径	6356.755 公里
	平均半径	6371.004 公里
地球椭球体的扁率		1/298.257
赤道周长		40075.04 公里
地球表面积		5.11×10^{8} 平方公里
陆地面积		1.49×10^{8} 平方公里（地球表面积的 29.2%）
海洋面积		3.62×10^{8} 平方公里（地球表面积的 70.8%）
地球体积		1.083×10^{12} 立方公里
地球质量		5.9742×10^{27} 克
地球平均密度		5.52 克·厘米$^{-3}$
地球表面重力加速度		9.8062 米/秒^{2}
地球表面脱离速度		11.2 公里/秒
地球年龄		约 4.6×10^{9} 年

月　球　数　据

月地平均距离	384401 公里＝0.00257 天文单位＝60.2685 地球赤道半径
近地点平均距离	363300 公里
远地点增均距离	405500 公里
月球直径	3476 公里
月球表面积	0.38×10^{8} 平方公里（为地球表面积的 $\sim 1/13$）
黄道与白道交角	$5°09'$
月球体积	2.200×10^{10} 立方公里
月球质量	7.3483×10^{25} 克
月球平均密度	3.34 克·厘米$^{-3}$

名 称		数 值
月球表面温度	最高温度	+127℃
	最低温度	−183℃
月球表面重力加速度		1.62 米/秒^2 （为地球表面重力加速度的 1/6）
月球表面脱离速度		2.38 公里/秒
月球年龄		约 4.6×10^9 年

参 考 文 献

[1] 马文蔚等.物理学.第六版.北京：高等教育出版社，2014.

[2] 王荣成，李石熙.物理.苏州：苏州大学出版社，2014.

[3] 陈永涛.技术物理基础.上海：华东师范大学出版社，2001.

[4] 张三慧.大学物理学.第三版.北京：清华大学出版社，2009.